REGINA FÖRST

People Först – Die 7 Business-Gebote

Veronika …

… von Herz
zu Herz.

REGINA
FÖRST

People Först –

DIE 7 BUSINESS-GEBOTE

KÖSEL

The mark of responsible forestry
FSC® C017859

Verlagsgruppe Random House FSC-DEU-0100
Das für dieses Buch verwendete FSC®-zertifizierte Papier
Offset Amber Graphic liefert Arctic Paper, Poland.

Umschlag: Monika Neuser, München
Umschlagmotive: Michael Goldenbaum, www.michaelgoldenbaum.de
Lektorat: Ulrike Reverey
Druck und Bindung: CPI Moravia Books s. r. o., Pohorelice
Printed in Czech Republic
ISBN: 978-3-466-34534-2

Weitere Informationen zu diesem Buch und unserem
gesamten lieferbaren Programm finden Sie unter
www.koesel.de

Für meine Kinder Maximilian und Katharina,
die immer People Först sind

Inhalt

Vorwort

Meine erste Begegnung mit Regina Först war prägend für mich. Sie kam zu einem meiner Seminare. Zwei große Augen haben mich angeblickt. Es war nicht die schöne Farbe, die mich gefangen genommen hat, nein! Es war ihr Ausdruck. Ein Ausdruck voll Güte und Menschenliebe, eine totale Offenheit. Trotz einer sensiblen Verletzbarkeit, die ich bei ihr gespürt habe, blieb sie offen. Später habe ich erfahren. dass sie in einer schweren Zeit ihres Lebens stand.

Diese Offenheit und Menschenliebe, die ihr damals geholfen haben. eine schwere Phase ihres Lebens zu überbrücken, finde ich in diesem Buch wieder. Ein Buch, das jeder lesen sollte. Das Buch handelt von Menschen und menschlichen Beziehungen.

Wir leben in einem großen sozialen Netz, die Verbindungsfäden dieses Netzes halten die Knoten zusammen. Diese Fäden sind an erster Stelle nicht materieller oder sachlicher Art, sondern menschliche Liebe und Respekt. So wie ein Feld Dünger braucht, um eine gute Ernte zu erbringen, brauchen die Menschen Liebe, Respekt und Anerkennung, um miteinander zu leben und zu agieren.

Wenn ich will, dass es mir gut geht, sollte ich dafür sorgen, dass es den anderen auch gut geht, da meine Bedürfnisse durch sie erfüllt werden. Wenn das Egoismus ist, dann bin ich dafür. Denn das ist der Unterschied zum Egozentriker, der nur einen Weg kennt: eine Einbahnstraße, die nur zu ihm führt.

Führung bezieht sich nicht auf Produkte oder Materielles, die kann man produzieren, aber nicht führen. Menschen kann man führen. Druck und ähnliches Tun erzeugt Widerstand. Überzeugen ohne Gefühlszustimmung wird zu einem »Müssen« und nicht zu einem »Wollen«.

Der menschliche Weg, den dieses Buch vorzeigt, ist meiner Meinung nach nicht nur der effektive Weg, sondern auch der gesündere Weg. Werden Menschen als Instrumente betrachtet, ist dies eine der seelischen Ursachen von Burnout, wovon leider zu viele heute betroffen sind. Menschen, denen die Arbeit Freude macht und die dafür menschliche Anerkennung von ihrer Umgebung erhalten, werden nicht krank.

Wir verbringen oft mehr Zeit an unserem Arbeitsplatz als mit unserer Familie und Menschen, die wir lieben. Mach deinen Arbeitsplatz zur zweiten Familie, wie es die Japaner tun, betrachte deine Kunden als Freunde. Für sie produzierst du, für sie setzt du letztendlich deine Kraft und Kreativität ein. Nimm das Geschenk, das uns dieses Buch anbietet, zu Herzen, und erlebe die offenen Herzen der Menschen, wenn du ihnen dein Herz öffnest.

Samy Molcho,
im Juli 2011

Raus aus den alten Spuren!
Einleitung

Werfen wir einen Blick auf die derzeitige Lage in Beruf und Wirtschaft, stellen wir fest: Wir haben in den letzten Jahrzehnten viel bewegt, entwickelt und erschaffen, wir haben viel erreicht. Wir haben kühne Träume verwirklicht, fusioniert und expandiert. Doch vertraute Strategien funktionieren heutzutage immer seltener. In vielen Firmen – bei Chefs wie bei Mitarbeitern – macht sich allmählich schleichendes Unbehagen breit. Zunehmend härtere Wettbewerbsbedingungen, Fachkräftemangel, demografische Entwicklung, Umsatzrückgänge, angespanntes Betriebsklima, drohende Arbeitslosigkeit: Kein Zweifel – das erzeugt Druck, offen oder unterschwellig. Denn wir brauchen Arbeitsplätze, wir brauchen Kunden, wir brauchen Erfolg. Aber wie?

Machen wir eine nüchterne Bestandsaufnahme, lässt sich feststellen: Wir wissen alles über Zielgruppen und Märkte, über Profilanalysen, Effizienz, Renditen und so weiter. Doch wo bleibt der Mensch in all dem Spektakel? Der Mensch mit seinen vielschichtigen emotionalen Anteilen, mit seinen Sorgen, Nöten und Bedenken, aber auch mit seinen Wünschen, Hoffnungen, seinem Feuer, Engagement und seiner Lust, sich einzubringen und gesehen zu werden?

Dass hinter einem Markt auch ein Kunde, ein Mensch (!) steht, dass ein Firmenangehöriger nicht nur Leistungsträger, sondern auch Mensch (!) ist, wird oft verdrängt – mit Folgen: So mancher Kunde wechselt rasant den Anbieter, wenn ihm irgendetwas nicht mehr behagt.

Und was die Mitarbeiter angeht: Laut der renommierten *Gallup-Studie* aus dem Jahr 2011 sind inzwischen nur noch rund 13% der Mitarbeiter motiviert und mit Freude bei der Arbeit. Der Rest hat entweder innerlich gekündigt oder macht Dienst nach Vorschrift. Das kostet Milliarden und beeinträchtigt massiv Gesundheit und Lebensqualität.

Es liegt auf der Hand, dass es allerhöchste Zeit ist, nicht nur über einen anderen Kurs nachzudenken, sondern ihn auch tatsächlich einzuschlagen. Konsequent, jeder auf seine Art und mit der Kraft, die ihm (noch) zur Verfügung steht. Bildlich gesprochen lautet das Gebot der Stunde, die Anker zu lichten und abzulegen. Wer sein Schiff (die Firma, den Arbeitsplatz und sich selbst) durch stürmische Gewässer steuern muss, braucht einerseits Mut, dem (scheinbar) Unbekannten zu begegnen, aber er braucht auch eine starke Kompassnadel, die ihn unterstützt.

Im Business kann das bedeuten: Nicht an alten Konzepten kleben, sondern nur ganz gezielt bewährte Erfolgsprinzipien auswählen und die Kernwerte mitnehmen, um für das Neue gewappnet zu sein.

Ich mache Sie in diesem Buch mit **7 Business-Geboten** vertraut, mit denen Sie gut unterwegs sein können. Sie werden schnell feststellen: Jedem einzelnen Gebot liegt die Überzeugung zugrunde, dass Erfolg *und* Mensch sich nicht ausschließen, sondern ganz im Gegenteil: Gemeinsam werden sie zum Dreamteam und sind das Geheimnis für ein glücklicheres, erfolgreicheres Leben und damit auch für ein anderes, florierendes Business, das sich sicher in der spürbaren, neuen Zeitströmung bewegen kann.

Konkret heißt das: **People Först!** Denn der Mensch macht den Unterschied, immer und überall. Es geht nur *mit* den Menschen, niemals ohne. Ob als Mitarbeiter oder Kunde, Kollege oder Chef: Wird die menschliche Komponente vernachlässigt und ist die Beziehungsebene gestört, wird es auf der Sachebene nie vorangehen. Wen wir nicht mögen, dem vertrauen wir nicht. Wer sich nicht versteht, wird nicht teamorientiert zusammenarbeiten. Ich zeige Ihnen, wie Sie das ändern können. Die Betonung liegt auf dem Wort SIE.

Sie werden in der Lage sein, die Segel richtig zu setzen und der Kapitän auf Ihrem eigenen Schiff zu sein. Denn alles fängt mit Ihnen selbst an. Darum lautet die logische Reihenfolge: **Vom Ich zum Du zum Wir.** Die Kapitel dieses Buches sind von diesem Prinzip durchwoben. Meiner Erfahrung nach ist es das ideale Instrument, die ideale Lebenslogik, mit der Sie sich neu orientieren können und wirksamer handeln. Auch werde ich Sie in diesem Buch ermuntern, zu *verlernen*, statt zu lernen. So können Sie sich aus alten Denkmustern und Handlungsweisen befreien, die nachweislich immer weniger funktionieren und Ihr Potenzial blockieren.

Die *7 Business-Gebote* ermöglichen Ihnen, mit Herz und Verstand nach vorne zu gehen. Und Sie werden entdecken, wie gut es tut, Selbstverantwortung zu übernehmen! Denn es ist stets die persönliche Sicht, mit der Situationen und Menschen beurteilt werden. Das heißt aber auch: Ein veränderter Blick auf eine Sache ändert die Sache.

Am Ende jedes Kapitels gebe ich Ihnen eine kleine Anregung mit auf den Weg, mit der Sie die Kernbotschaft des jeweiligen Gebots ausprobieren können. Sie ist ganz willkürlich gewählt, manchmal bewusst ein wenig kryptisch, und ganz bewusst verzichte ich hier auch auf eine tiefergehende Übung zum jeweiligen Thema. Denn ich weiß, dass jeder die Antworten für seine Lebensfragen in sich trägt und dafür keine Vorgabe braucht. Auch möchte ich verhindern, dass ein strukturierter Vorschlag Sie bei der Erkundung des Themas zu sehr einengt. Viel sinnvoller hingegen ist es, den persönlichen Zugang und den eigenen Rhythmus zu finden. Nehmen Sie also die Anregung lediglich als einen ersten Impuls, mit dem Sie den Charakter des jeweiligen Gebots ausprobieren können. Experimentieren Sie, verwerfen Sie, loten Sie aus, entdecken Sie neu! Folgen Sie einfach Ihrer Intuition. Aber selbst beim noch so kleinsten Experiment werden Sie vermutlich sehr schnell – manchmal sogar sofort! – eine Veränderung im Empfinden und Verhalten feststellen und auch, dass sich dies auf Ihr Umfeld auswirkt.

Das vorliegende Buch bringt Sie (wieder) in Kontakt mit Ihren Wurzeln, mit Ihren Fähigkeiten sowie mit neuen und alten Werten und lässt Sie Ihre ganz individuelle Kraft spüren. Es beinhaltet wichtige Erkenntnisse aus Psychologie, Quantenphysik und Gehirnforschung und enthält Elemente aus der Praxis für die Praxis. All das ist für den einzelnen Berufstätigen ebenso anwendbar wie auch für Teams in kleinen oder großen Firmen und für Führungskräfte.

Verstehen Sie die *7 Business-Gebote* als eine Einladung an sich selbst, als den passenden Schlüssel, mit dem Sie in Ihrem Selbstverständnis etwas verändern können – für das eigene seelische Wohl und somit für das Wohl aller. Die Auswirkung solchen Tuns zeigt sich subtil oder unmittelbar. Denn das Ganze ist mehr als die Summe seiner Teile – an dieser uralten Erkenntnis wird sich auch in unserer hypermodernen Welt, in der wir so sehr nach Anerkennung und Erfolg hungern, nichts ändern. Mit den *7 Business-Geboten* werden Ihre Schritte step by step in eine verheißungsvolle Richtung gelenkt, die Ihren Erfolg ganz anders, aber ebenso ERFOLG-reich definieren. Auf diese Weise kann es gelingen, die Sinnhaftigkeit des Menschen auch in Firmen aktiv zu leben und unter Einbeziehung oft vergessener, aber lohnender Prinzipien ein marodes System zu verlassen und sich eine neue Welt mit neuen Werten zu erschaffen.

Die neue Formel lautet: Wirtschaftswunder Menschlichkeit!

Bei all den Herausforderungen und der Geschwindigkeit, in der wir heute leben, ist es immens wichtig, dass Sie immer wieder in Ihre Mitte finden, damit Sie Klarheit gewinnen und sich neu ausrichten können. Dieses Buch habe ich für Sie geschrieben. Weil Sie tief innen fühlen, dass es einen besseren Weg zu einem erfüllten Leben gibt. Weil Sie mehr an Lösungen als an Problemdiskussionen interessiert sind. Weil Sie keine Lust mehr haben, instrumentalisiert zu werden. Weil Sie wissen: »Das kann doch nicht alles gewesen sein.« Weil Sie einen Beitrag leisten wollen, weit über das eigene persönliche Leben hinaus. Sind Sie dabei? Packen wir's an!

Regina Först, im Sommer 2011

Sei du selbst

die Veränderung,

die du dir wünscht

für die Welt.

Mahatma Gandhi

1. Gebot
LEICHT DARF ES SEIN

Durch weniger Anstrengung mehr erreichen

Montag morgens: Wer nicht ohnehin auch am Wochenende gearbeitet hat, spielt spätestens beim Zähneputzen die beginnende neue Woche durch: »Welches Meeting zuerst? Habe ich alle Unterlagen parat? Wird der Kunde X heute endlich anbeißen? Und hoffentlich sind die Kollegen besser drauf als in den letzten Tagen ...« Kaum aus dem Haus, steht das Auto im Stau, die S-Bahn hat Verspätung, der Coffee to go wird zum Sprint und das ins Büro-Kommen zum unfreiwilligen Frühsport. Dort werden Sie von Leuten erwartet, die genau wissen, welche roten Knöpfchen sie bei Ihnen drücken können. Also ärgern Sie sich über dieselben Sachen wie schon gestern und vorgestern und sind genervt. Die Meetings laufen nach immer gleichem Schema ab, Sie denken sich so Ihren Teil, halten aber lieber den Mund – das sind die Spielregeln. Und sind da nicht in dieser Woche zu allem Überfluss auch noch die Dienstreise und das angekündigte Seminar?

Egal, nun heißt es, alle Kräfte zu bündeln – und mit voller Power in den Arbeitsalltag zu starten, jeden Tag aufs Neue. Nur nicht nachlassen, Zähne zusammenbeißen und durch. Schließlich wird ja was von einem verlangt. Wer sich anstrengt, kann auch ernten, und wer sich Mühe gibt, wird belohnt. Tatsächlich? Weiter geht's mit Turbogeschwindigkeit durch den Tag. Dann –

nach zu vielen Stunden – endlich Feierabend, der mit *Feiern* allerdings kaum etwas zu hat: Denn vom Arbeitsdauerlauf geht's vielleicht erst mal zum Sport – streng dich an! –, dann schnell nach Hause, »Schatz, wie war dein Tag?«, noch ein Gute-Nacht-Küsschen für die Kinder, einen kleinen Happen essen, face to face mit dem PC ein bisschen ins Getwitter eintauchen und »Freunde« treffen, BlackBerry natürlich immer griffbereit, also auch abends schnell noch die Büro-Mails checken, dazu ein Glas Wein, ein Bierchen, Flimmerkiste an – und trotzdem mit den Gedanken schon wieder ganz woanders.

Viele von uns verbringen so ihre (Arbeits)alltage, jagen durch die Welt – immer auf der Suche nach Anerkennung und Erfolg, gepaart mit dem tiefen Wunsch, alles richtig machen zu wollen und die geforderte Leistung zu erbringen. Sie definieren sich so sehr über ihre Arbeit, dass sie gar nicht mehr anders können. Seien wir ehrlich: Manche brüsten sich sogar damit, denn wer viel arbeitet, genießt in der Gesellschaft einen hohen Stellenwert. Leider gilt auch in vielen Unternehmen immer noch derjenige Mitarbeiter am engagiertesten, der am längsten im Büro und immer erreichbar ist.

Hört man sich so um, scheint fast das ganze Leben aus Arbeit zu bestehen (selbst im Privaten lebt und wächst man nicht mit dem Partner, sondern leistet Beziehungsarbeit …). »Arbeitspsychologen warnen inzwischen vor einer neuen Volkskrankheit. Immer mehr Menschen seien regelrecht arbeitssüchtig oder gefährdet, eine Arbeitssucht zu entwickeln.« (Ursula Nuber in: *Psychologie Heute Compact*, Heft 27/2011) Schauen wir genau hin, bestätigt sich: Hohe Anerkennung genießt, wer viel arbeitet – Faulheit ist verpönt. Längst jedoch haben arbeitspsychologische Studien bewiesen, dass jemand, der Arbeit zu seinem Lebensmittelpunkt macht, auf Dauer die Freude am Leben und möglicherweise auch an Effektivität verliert und sogar seine Gesundheit aufs Spiel setzt.

Fragen wir uns deshalb: Muss unser Arbeitsalltag wirklich mit so viel Anstrengung geschehen? Gibt es nicht einen anderen Weg, etwas zu leisten, und zwar mit geschmeidiger innerer *Kraft* statt mit Anstrengung? Ja, den gibt es. Und wir werden ihn in diesem Buch ein Stück zusammen gehen.

Um besagten Weg im Alltagsdschungel aber überhaupt zu erkennen, gilt es herauszufinden: Was macht unseren Tag eigentlich so anstrengend? Meiner Erfahrung nach sind es nicht so sehr die allgemeine Hektik, das zu große Pensum oder verzwickte Projekte – nein, jene Anstrengung, die uns müde macht, auslaugt und das Gefühl der Sinnlosigkeit produziert, wird vor allem dadurch erzeugt, dass wir in erster Linie die Erwartung *anderer* erfüllen und an uns selbst vorbeileben! Denn wir haben verlernt innezuhalten und uns zu fragen, ob der Weg, auf dem wir gehen, noch der richtige ist. Und wir scheitern allzu oft an unseren eigenen zu hohen Ansprüchen. Hier braucht es einen Sinneswandel: Engagiert zu arbeiten bedeutet nicht, dass man selbst auf der Strecke bleibt!

> *»Kein Mensch ist so beschäftigt, dass er nicht die Zeit hat, überall zu erzählen, wie beschäftigt er ist.«* Robert Lemke

Fragen Sie sich daher als Allererstes: »Lebe ich mein Leben oder werde ich gelebt?« Seien Sie ehrlich mit der Antwort, auch wenn sie Ihnen vielleicht nicht gefällt. Nur wer aufrichtig ist mit sich selbst, kann auf Dauer das ändern, was ihm nicht behagt. Wer hingegen weitermacht wie bisher, sich dabei immer stärker vereinnahmt fühlt und meint, nicht gegensteuern zu können, sitzt auf seiner eigenen Zeitbombe. Und ob sich die Explosion dann gegen einen selbst oder andere richtet, ist nicht vorhersagbar.

Ich möchte Ihnen in diesem Zusammenhang eine Geschichte erzählen, die ich in einem meiner Seminare erlebte und die deutlich aufzeigt, welchen Preis jemand zahlt, der sich selbst verliert und sich für andere verdreht.

»Zu Tode trainiert«

Es ging um ein Persönlichkeitsseminar mit einer Gruppe von Außendienstmitarbeitern, die fachlich on top, aber innerlich ausgebrannt waren und kein gutes Miteinander hatten. In diesem mehrtägigen Seminar sollten sie wieder an die Ressourcen ihrer Persönlichkeit herangeführt und ihr Ich gestärkt werden. Der Chef wollte die gemeinsame Zeit außerdem dafür nutzen, einen neuen Mitarbeiter ins Team zu integrieren, was die ohnehin ungute Stimmung nicht verbesserte.

Der »Neue« zeigte sich angestrengt nett, er trug eine schicke, aber zu enge Weste, in der er sich offensichtlich nicht wohlfühlte, seine Körpersprache verriet höchste Anspannung, jedes Wort war wohlüberlegt, doch die Maske hielt. Als aber die Seminarteilnehmer in einer Übungssequenz ihre Stärken erkundeten und dafür Aufzeichnungen am Flipchart vornahmen, geriet die Fassade ins Wanken. Ich spürte, dass sich bei diesem Mann eine entscheidende Wende anbahnte, er das aufgesetzte Nettsein und seine Kontrolle nicht mehr lange würde aufrechterhalten können. Und dann geschah es: Soeben hatte er mit verächtlich klingender Stimme verkündet, dass er ganz gut Tennis spielen könne, als er – aufgrund einer von mir bewusst gestellten Nachfrage – urplötzlich explodierte. Dabei warf er sein Jackett in die Ecke, ein paar Knöpfe seiner Weste platzten auf, und er brüllte seine vermutlich über Jahre angestaute Wut hinaus. Sinngemäß bekamen wir zu hören:

»Ich habe die Schnauze so voll von diesen Seminaren! Ein Leben lang musste ich welche besuchen, und alle haben mir gezeigt, was ich dringend verändern muss, wenn ich Karriere machen will. Ich war in einem Seminar für Körpersprache, da hat man mir gesagt, dass ich die Hände nicht hinter dem Rücken halten darf, sie nicht verschränken und nicht in die Hosentasche stecken soll. Ich weiß nun gar nicht mehr, wohin mit ihnen. Soll ich sie mir abhacken, oder was? Dann habe ich so ein blödes Rhetorik-Seminar besucht, da hat man mir beigebracht, wie ich reden soll und dass man Sätze nicht mit ›ich‹ anfängt – soll ich mir die Zunge abschneiden, oder was? Und dann war ich bei so einer bescheuerten Stilberatung. Dort lernte ich, dass ich meinen Oberkörper optisch mit einer Weste verlängern soll. Ich hasse Westen. – Und jetzt kommen Sie und fragen mich, wer ich bin, fragen nach meinen Stärken! Woher soll ich das wissen? Ich bin zu Tode trainiert! Ich weiß nicht mehr, wer ich bin. Ich habe einen inneren Koffer voller Masken und bin genug damit beschäftigt, die richtige zum richtigen Zeitpunkt aufzuziehen!«

Mitten in diesem Ausbruch sah er seinen Chef an und zischte, dass ihm nun alles egal sei, dass er es nicht mehr aushalte, und da er ja sowieso rausfliegen würde, könne er jetzt mal endlich sagen, was er wirklich denke.

Dann war es still. Ich war tief berührt vom Mut und von der Verzweiflung dieses Mannes. Schweigend gingen alle in die Pause, während ich den Chef zur Seite nahm und ihm nahelegte, seinen Mitarbeiter im Seminar zu lassen. Nach der Pause sprach ich den Mann nochmals an und bat ihn, uns doch noch ein wenig mehr über das Tennisspielen zu erzählen. Da er aus seiner Sicht nun ohnehin nichts mehr zu verlieren hatte, kam er meiner Bitte nach und erzählte allen – plötzlich mit sanfter, klarer Stimme –, dass er in der Tat früher mal ein toller Tennisspieler gewesen sei, aber sein Vater ihn immer nur dann mit dem Auto nach Hause fuhr, wenn er gewonnen hatte. Ging er – das

Kind – also zu Fuß durch den kleinen Ort, wusste jeder gleich, dass er (wieder) nicht gewonnen hatte. – Auf diese Weise gab es bei ihm eine Episode nach der anderen, die sich wie ein roter Faden durch sein Leben zog.

Das Ende der Geschichte: Der Mitarbeiter blieb – im Seminar wie auch im Unternehmen und wurde einer der erfolgreichsten Außendienstmitarbeiter. Sein Erfolg stellte sich ein, als er sich selber folgte. Und dass dies auch wirtschaftlichen Erfolg mit sich zieht, versteht sich von selbst. Gewiss, Trainings sind sinnvoll, aber sie dürfen keinesfalls den Menschen von sich und seinen Stärken wegtrainieren. In jenem Seminar konnte dieser Mann durch seinen Ausbruch auch andere Teilnehmer ermutigen, offen und ehrlich über das zu erzählen, was sie bewegte. Noch heute treffe ich diese Gruppe in regelmäßigen Abständen. Alle haben inzwischen für sich verstanden, dass menschliche Wärme und wirtschaftliches Denken sich nicht ausschließen, sondern ganz im Gegenteil erfolgreich *und* glücklich machen.

Diese Geschichte hat mich sehr bewegt, denn sie zeigt, wie lange es mitunter braucht, ehe sich ein Mensch für sich selbst entscheidet, und wie sich in der Zwischenzeit enormer Druck aufbaut. Sie zeigt aber auch, wie viel Energie freigesetzt wird, wenn wir authentisch agieren – mit Herz und Verstand.

Eigenmacht statt Ohnmacht

Was soll noch alles passieren, damit Menschen bzw. Unternehmen wach werden? Wach werden für ein glücklicheres und erfolgreicheres Leben. Zu lange haben wir geglaubt, dass das Glück – der Erfolg – von außen kommt: mit den tollen Produkten, dem Umsatz, der Rendite. Schon eine uralte Lebensweisheit besagt, dass wahres Glück nicht von außen, sondern von innen kommt – das gilt auch für Unternehmen. Denn ein Unternehmen besteht aus Menschen.

Ganz gleich, in welcher Position Sie sich in Ihrem Berufsleben befinden: Mit diesem Buch möchte ich Sie ermutigen, neue Wege auszuprobieren. Ich bin fest davon überzeugt, dass jeder von uns einen großen Beitrag dazu leisten kann, damit es jedem Einzelnen und damit auch den anderen – und den Firmen! – besser geht. Das jedoch funktioniert nur, wenn die richtige Reihenfolge eingehalten wird, und diese lautet: *Vom Ich zum Du zum Wir*. In dieser Reihenfolge liegt das wahre Geheimnis für Erfolg. Denn nur wer sich selbst sieht, wahrnimmt und respektiert, kann dies auch bei anderen tun. Doch diese Gesetzmäßigkeit wurde insbesondere im Business bisher nur wenig berücksichtigt.

Die Wirtschaft redet zwar inzwischen immer mehr von Menschlichkeit, und das Wort »Mitarbeiter« wird gern vollmundig proklamiert, doch gleichzeitig sinkt die Stimmung der engagierten Mitarbeiter weiter in den Keller. Das zeigt sich in vielen Umfragen und Studien. In den Büros, Verkaufsräumen, Seminaren, auf der Straße, in der U-Bahn scheint ein fröhliches Gesicht auf dem Weg von oder zur Arbeit die große Ausnahme zu sein. Die Mundwinkel haben eher eine Tendenz nach unten als nach oben. Vielleicht meint mancher gar, dass dies der Karriere förderlich sei? Bei sooooo viel Verantwortung muss man ja düster, stressgeprüft und mit wichtigem Gesicht durch die Gegend eilen …? Jedenfalls ist die Stimmung in Firmen oft freudlos, und zwar unabhängig von den Zahlen.

Das ist auch nicht anders zu erwarten: Denn die Mitarbeiter leben meist in ständiger Überforderung und halten dem Druck kaum noch stand. Kein Wunder, dass viele schon bei missglückten Kleinigkeiten von Null auf Hundert zu bringen sind. Hinter dem sorgsam polierten Image scheint es eher um Angriff und

Verteidigung zu gehen, statt um ein gemeinsames Ziel. Das gilt für Führungskräfte ebenso wie für die Arbeit im Team und/oder für das Verhältnis zu Kunden. Dazu mehr im 6. Gebot.

Wie kommen Sie auf die Idee, dass sich was ändern könnte, wenn Sie selbst nichts ändern?

Kein Zweifel: Aus all dem wird ersichtlich, dass die tickende Zeitbombe im Business dringend entschärft werden muss! Es geht für jeden Einzelnen darum, wieder zu seinen Wurzeln zurückzukehren und vieles von dem abzulegen, was ihm übereifrig als gutgemeinte Ratschläge antrainiert wurde. Es macht wirklich keinen Sinn, für Mitarbeiter das x-te Seminar zu buchen, in dem ein Verhaltenstraining vermittelt wird nach dem Motto »Wie lächle ich meinen Kunden an?«. Wir sind doch keine Marionetten! Und deshalb funktioniert solch ein Training auch nicht. Denn wer braucht schon so ein antrainiertes, aufgesetztes Lächeln? Wer kein inneres Lächeln hat, wird auch kein warmherziges Lächeln für andere haben. Wenn der Funke überspringen soll, muss zunächst ein Wandel in uns selbst stattfinden – und dann läuft alles von allein. Wenn Menschen begeistert sind von dem, was sie tun, wenn sie sich wertgeschätzt und respektiert fühlen, sind sie auch glücklich und erfolgreich. Und dies strahlen sie dann ganz natürlich aus.

Sehr wichtig: Verwechseln Sie ein heiteres Wesen und seine Fröhlichkeit nicht mit Oberflächlichkeit! Denn das ist hierzulande leider schnell der Fall. Aber denken Sie nur an die Fußball-WM 2006 im eigenen Land zurück. Was war das für eine wunderbare Stimmung! Was hatten wir alle für eine Energie! Und diese Energie hing nicht vom Ergebnis ab (siehe S. 119 f.). Weshalb also sollte das nicht auch im Business gehen? Es geht!

Allerdings scheint dies noch nicht selbstverständlich in allen Köpfen angekommen zu sein. Welch kuriose Blüten ein allzu enges Business-Korsett treiben kann, erlebte ich einmal bei einer Einladung eines weltweit tätigen Unternehmens. Die Krankheitsrate dort war hoch, die Fluktuation ebenso, und es wurde ein Trainer gesucht, der Abhilfe schafft. Während der Besprechung in einem kalten Raum saßen mir in eisiger Stimmung drei Frauen gegenüber, die meinten, mich ins »Verhör« nehmen zu müssen, was mich ein wenig amüsierte. Mir wurde schnell klar (und sicherlich den Anwesenden auch), dass wir keinen gemeinsamen Nenner haben und völlig unterschiedliche Werte vertreten.

Der krönende Abschluss dieses Gesprächs verlief dann so: Die Damen hatten auf meiner Website recherchiert und sprachen mich nun mit strengem Blick sichtlich empört auf einen dort entdeckten Button an, der da lautet: »Heute ist ein Lächeltag«. Seit wann denn Lächeln zur Arbeit gehöre, konstatierten sie, sie seien schließlich ein bodenständiges Unternehmen, so jedenfalls könne man keinen Umsatz machen und die Kosten in den Griff bekommen.

Ganz offensichtlich aber hatten sie nur halbherzig recherchiert, denn sonst wäre ihnen klargeworden, dass dieser Button nicht für hohles Dauergrinsen steht, sondern für den von mir gegründeten Verein *Heute ist ein Lächeltag e.V.*, der humanitäre Hilfsprojekte initiiert und Menschen in Not unterstützt (www.laecheltag.de). Seltsam, wie viel Irritation bei manchen Zeitgenossen ein Lächeln auslösen kann … Tja, die Welt ist bunt, und es gibt so viele Ansichten, wie es Menschen gibt. Und selbstverständlich soll jeder nach seiner Façon leben. Ich fürchte jedoch, dass die Verantwortlichen in jenem Unternehmen ihre Probleme nicht lösen werden, wenn sie weitermachen wie bisher – wenn sie Menschlichkeit und Wirtschaftlichkeit für einen Widerspruch halten.

Wenn es um Menschlichkeit, Authentizität und Begeisterung in der Berufswelt geht, ist noch ein anderer Aspekt sehr wichtig. Jeder sollte sich fragen: **Passt das Unternehmen, für das ich arbeite, mit meinen Werten zusammen?** Viele sagen zwar: »Hauptsache ein Job, und die Kohle stimmt«, und das mag eine Zeitlang auch funktionieren. Doch wer zu lange gegen seine eigenen inneren Werte arbeitet, wird dies irgendwann zu spüren bekommen. Bildlich gesprochen: Wer in seinem Herzen ein Grüner ist, wird in der Atomindustrie auf Dauer nicht glücklich werden, egal, wie gut die Position oder Bezahlung auch sein mag. Ich erlebe solche Fälle oft im Coaching. Menschen, die beruflich mit Turbogeschwindigkeit unterwegs sind, merken dann erst beim Boxenstopp, dass sie sich selbst und das, was ihnen wichtig ist, vergessen haben.

> *»Wir neigen dazu, Erfolg eher nach der Höhe unserer Gehälter oder nach der Größe unseres Autos zu bestimmen als nach dem Grad unserer Hilfsbereitschaft und dem Maß unserer Menschlichkeit.«* Martin Luther King

Deshalb die alles entscheidende Frage an Sie: Was wollen Sie? Wollen Sie mit dem Leben nach vorne gehen, voller Vertrauen und Lust in Ihre eigene Kraft? Oder wollen Sie lieber weiterhin nur so tun, als ob Sie vorwärts gehen, in Wahrheit aber haben Sie schon längst den Rückwärtsgang eingelegt?

> *Wohin geraten Sie, wenn Sie das Wort LEBEN mal rückwärts lesen …?*
>
> Maximilian, Sohn von Regina Först

Ich bin sicher: Sie wissen um alles, was Sie brauchen, um ein glückliches Leben zu leben – auch im Beruf. Machen Sie mit diesem Buch einfach einmal eine gründliche Bestandsaufnahme und prüfen Sie, was Sie in Ihrem Gepäck lassen wollen, was Sie an Beschwerlichem aussortieren können und was neu – Leichteres! – hinzukommen sollte.

Ja, laden Sie wieder mehr *Leichtigkeit* ins Leben ein! Dazu brauchen Sie vor allem Ihre kindliche Neugier und die Lust, Neues auszuprobieren. Denken Sie einfach zurück an Ihre unbeschwerte Art, sich Dinge zu erobern. Besonders leicht wird Ihnen alles fallen, was mit Ihrem Können und mit Ihren angeborenen Talenten zu tun hat. Bleiben Sie dran und nutzen Sie Ihren Schwung für eine neue Richtung! Aber nun eben nicht mit angestrengtem, verbissenem Gesicht, sondern mit einem *big smile* und innerer Freude. Gönnen Sie sich dabei auch mal die Freiheit, so richtig faul zu sein. Wie heißt es so schön? »Faulheit ist die Angewohnheit, sich auszuruhen, bevor man müde ist.« Legen Sie also regelmäßige Auszeiten ein, bevor Sie erschöpft und fix und fertig sind. Das bringt garantiert Energie zurück.

Leicht darf es sein! So lautet das 1. Gebot im Business. Doch damit dieses Gebot auch nachhaltig wirksam wird, muss eine wesentliche Voraussetzung erfüllt sein, die in manchen Ohren ungewöhnlich klingen mag. Denn das 2. Gebot heißt ……? Aber lesen Sie selbst auf Seite 31.

Input

Halten Sie öfter am Tag einmal inne, nehmen Sie einfach nur wahr, was ist, wie es Ihnen geht …

2. Gebot
SEI EIN POSITIVER EGOIST!

Vom Ich zum Du zum Wir

Wie bitte? Seit wann ist Egoismus eine Tugend, sogar ein Gebot? Ja, das ist es, sofern es mit dem Wörtchen »positiv« gewürzt wird. Positive Egoisten – gibt es das? »Was für ein Widerspruch«, werden Sie vielleicht denken. Denn von Kindheit an wurde Ihnen eingebläut, dass Egoismus alles andere als eine wünschenswerte Eigenschaft ist. »Der Esel nennt sich selbst zuerst« – solche Aussagen haben uns geprägt. Einen Brief, eine Mail mit »Ich« zu beginnen – welch ein Fauxpas! So wurde es uns mit der Zeit regelrecht abtrainiert, unsere eigene Meinung authentisch zu äußern. Das hat aus uns Erwachsene gemacht, die sich häufig hinter der »man«-Formulierung verstecken und so gar nicht mehr als Individuum sichtbar und hörbar sind: »Man hat für dieses Ziel sehr gekämpft, aber *man* muss nun diese Enttäuschung erst mal verarbeiten.« So oder ähnlich. Achten Sie einmal darauf, wie schnell jemand in dieses »man« abdriftet, wenn es darum geht, etwas Persönliches, etwas Emotionales wiederzugeben.

Und wie gehen Sie selbst damit um? Ist es bequemer, mit dem »man« eine Distanz einzulegen, statt sich dem anderen ehrlich zu offenbaren? Angeboren ist uns dieses Verhalten nicht. Kleine Kinder nennen sich ganz automatisch in einer Aufzählung zuerst. Jedenfalls so lange, bis die Erwachsenen sie mit vorwurfsvollem Blick zurechtweisen.

»Du Egoist!« – das gleicht eher einer Beleidigung oder einem Schimpfwort als einer Anerkennung. Meinen wir doch damit Menschen, die nur ihren Vorteil im Auge haben, gerne auch auf Kosten anderer. Und das will keiner auf sich sitzen lassen. Als Egoist dazustehen – nein danke! Seltsam nur, dass in unserer heutigen Gesellschaft – also auch im Berufsleben – der Egoismus vorherrschend ist. Allerdings wird er wegen der bestehenden Vorbehalte häufig geschickt kaschiert, gerät durch dieses Schattendasein immer weiter in eine negative Ausprägung und treibt im Dunkeln seine fiesen Spielchen. Wie konnte das geschehen? Ich bin der Überzeugung, dass die einseitig negative Betrachtung des Begriffs »Egoist« uns nicht gut getan hat. Gebende und fürsorgliche Menschen hat sie jedenfalls nicht aus uns gemacht. Neid, Missgunst, Beurteilungen und Vorurteile sind doch eher an der Tagesordnung als Unterstützung, Loyalität und ein freudvolles Miteinander.

Deshalb habe ich Freude daran, Ihnen nun einmal meine Sicht auf das Wort »Egoist« zu geben. Schauen wir uns die positive Seite an, erfahren wir etwas ganz anderes, zum Beispiel aus der Bibel. Denn schon dort steht geschrieben: »Du sollst deinen Nächsten lieben wie dich selbst.« Anders ausgedrückt: Ich kann nur jemanden lieben, wenn ich mich selbst liebe. Was also ist so falsch daran, an sich zu denken? Weshalb ist dies gleichbedeutend mit: »Ich denke nicht gleichzeitig an den anderen bzw. ich bin wichtiger als der andere«? Nein, diese Interpretation ist aufgrund bestehender gesellschaftlicher Normen von uns selbst gemacht und hat eine Eigendynamik entwickelt, die viel zu wenig hinterfragt wird.

Ich meine, dass es uns alle ein gutes Stück voranbringen würde, wenn wir ehrlicher zu unserem Bedürfnis nach einem gerüttelt Maß an Ego stehen würden, statt taktische Spielchen zu spielen, die Zeit, Nerven und Energie kosten und Konsequenzen bezüglich unserer Aufrichtigkeit haben (siehe auch das 4. und 5. Gebot). Hand aufs Herz: Wir bemerken es doch sofort, ob das, was wir sagen, auch unserer Überzeugung entspricht. Und wir merken auch bei jemand anderem, ob er aufgesetzt nett ist oder uns anlügt.

Wie viel Potenzial können wir stattdessen freilegen, wenn wir einfach unser Leben autark leben und unser Bestes für uns selbst *und* für andere geben! Wir brauchen kein schlechtes Gewissen zu haben, wenn wir auch an uns selbst denken – unter Umständen kann dies sogar überlebenswichtig sein. Im Flugzeug beispielsweise fordern uns die Stewardessen freundlich auf, im Fall einer Notsituation sich zuerst selbst die Sauerstoffmaske aufzusetzen und erst dann den Kindern oder anderen zu helfen. Ich kann also nur jemandem helfen, wenn ich selbst nicht hilflos bin. Das sind die Regeln der Rettungseinsätze.

Wenn wir uns nun also dem *positiven* Egoismus zuwenden, besteht dann die Gefahr, zu selbstherrlichen Ichlingen heranzuwachsen? Nein! Und das gelingt erst dann, wenn ein gesundes Ego gelebt wird – ohne Schuldgefühle, mit tief empfundener Selbstakzeptanz. Denn nur ein starkes Ich findet seinen Platz im Wir und kann es unterstützen. Eine einseitige Betrachtung hingegen hält uns klein bzw. wir selbst machen uns dadurch klein. Sie hält uns zurück, unsere wahre Größe zu leben, weil wir sie gar nicht mehr fühlen. Und genau das will ich mit meinem Buch wandeln. Ein Paradigmenwechsel ist angesagt. Den Blick nicht von außen nach innen richten – sondern umgekehrt: *Vom Ich zum Du zum Wir.*

Nur wer sich selbst kennt, kann über sich hinauswachsen.

Garantiert echt

Was wir heute dringend brauchen, sind authentische Menschen! Menschen, die sich zeigen, die ihre Fähigkeiten auch anderen zur Verfügung stellen. Menschen, die daran interessiert sind, andere wirklich kennenzulernen. Es ist die Zeit gekommen, die eigene Größe zu leben. Es ist die Zeit gekommen, den Blick auf das Wesentliche zu richten. Und das geht (auch) mit einer gesunden Portion Egoismus.

Die wenigsten Menschen sind mit ihren Stärken und Ressourcen in Kontakt. Was für ein Potenzial liegt also noch im Dornröschenschlaf! Küssen wir es wach! Denn wenn wir uns darüber hinaus bewusst machen, dass der berufliche Erfolg größtenteils nicht so sehr vom Fachwissen abhängig ist, macht es Sinn loszulegen. Am besten sofort! Der Mensch ist imstande, Unglaubliches zu realisieren, wenn er sich selbst vertraut, wenn er aus seiner Mitte schöpft, seine Bedürfnisse und Werte kennt, seine Stärken und Schwächen erfahren hat und dabei fühlt, wie schön es ist zu wachsen. Richtig – auch SIE sind gemeint!

> *»Menschen reisen, um die Höhe der Berge zu bestaunen, die riesigen Wellen des Meeres, die Länge der Flussläufe, die ungeheure Ausdehnung des Ozeans, die Umlaufbahnen der Sterne – und sie gehen an sich selbst vorüber, ohne zu staunen.«* Aurelius Augustinus

Warten Sie nicht länger auf Anerkennung von anderen, werfen Sie Zweifel über Bord und machen Sie sich ganz bewusst eine Zeitlang zum Hauptprogramm! Ein positiver Egoist kann diese Phasen spielend meistern, ohne abzuheben. Machen Sie sich immer wieder mal klar: Wenn *Ich* mich nicht fühle, kann ich auch das *Du* nicht spüren und auch nicht im *Wir* sein. Es geht um Augenhöhe, und nicht um Überheblichkeit. Fürs Business bedeutet das: Geschäftlicher Erfolg basiert zwar einerseits auf ausgeklügelten Konzepten und/oder Produkten, aber ohne den Menschen bleibt all das hohle und austauschbare Ware. Den Unterschied macht der Mensch! Denn Menschen sind die emotionale Brücke zu anderen Menschen – egal, was sie verkaufen oder anbieten. Anders ausgedrückt: Wenn jeder an sich denkt, ist an jeden gedacht.

Und was denken Sie gerade? Etwas Konstruktives oder Negatives? Denken Sie eher an das, was Ihnen gelungen ist, oder an etwas, mit dem Sie erfolgreich sein könnten? Denn nun kommt der knifflige Punkt: Ihre Gedanken und Ihr Erleben stehen in einem unmittelbaren Zusammenhang und funktionieren nach dem Resonanzprinzip, ob Ihnen das nun gefällt oder nicht.

Diese Tatsache – bis vor Kurzem noch gern in den Bereich der Esoterik verbannt – hat durch neueste und spannende Erkenntnisse aus Gehirnforschung und Quantenphysik die längst fällige Akzeptanz erhalten und ist nicht mehr wegzudiskutieren (siehe auch Literatur). Fakt ist: Ihr Denken stellt die Grundlage dar für alles, was Sie erreichen und erleben. Das heißt: Womit Sie sich JETZT intensiv beschäftigen, ziehen Sie früher oder später auch in Ihr Leben – genau so funktioniert das Gesetz der Resonanz.

Die Erfahrung zeigt, dass die meisten Menschen viel Zeit mit belastenden Gedanken an die Vergangenheit verbringen und damit prompt in der alten Geschichte steckenbleiben, die sie ja eigentlich loswerden wollen. Oder aber sie blicken sorgenvoll in die Zukunft: Schaffe ich das mit der Umstrukturierung? Bleibe ich gesund? Wird mein Partner zu mir halten? – Da ist nicht mehr viel Energie übrig für das Jetzt, in dem sich die Zukunft ausrichtet. Wenn wir dem Gesetz der Resonanz folgen, haben wir aber auch die Wahl: Denn wenn wir unsere Identität in den Gedanken über uns und die Welt finden, können wir mit diesem Denken innerhalb unserer Fähigkeiten alles erreichen – oder uns total begrenzen. Es liegt immer an uns selbst. Daran, wie wach und bewusst wir durchs Leben gehen.

> *»Denke so, als wenn jeder deiner Gedanken mit Feuer in den Himmel geschrieben wird, für jeden und alles lesbar, und so, in der Tat, ist es.«* Book of Miracle

Mind hat Macht

Die wichtigste Frage lautet also: Was denken Sie? Über sich? Über Ihr Leben? Über Ihre Kollegen, Ihren Partner, Ihre Kinder, den Nachbarn? Und insbesondere: Was »denken« Sie so ganz unbewusst? Die Tücke liegt nämlich in den *unbewussten* Gedanken: Wenn Sie beispielsweise mit dem Kollegen noch eine Rechnung offen haben, dann gärt dies so lange, bis Sie die Chance bekommen, es ihm zurückzuzahlen – auch wenn Sie ansonsten nett mit ihm plaudern. Probleme sind immer bewusste oder aber unbewusste Beziehungsprobleme. Vielleicht dachten Sie sofort: »Das kann der doch unmöglich schaffen«, haben dies dem Kollegen möglicherweise auch entsprechend signalisiert und sind ganz stolz darauf. Na klar, Sie haben das alles gleich gedacht und gesagt – und nun kommt es auch so. Wie Sie sehen: Die Resonanz bleibt jederzeit am Ball ...

Das Eisberg-Modell

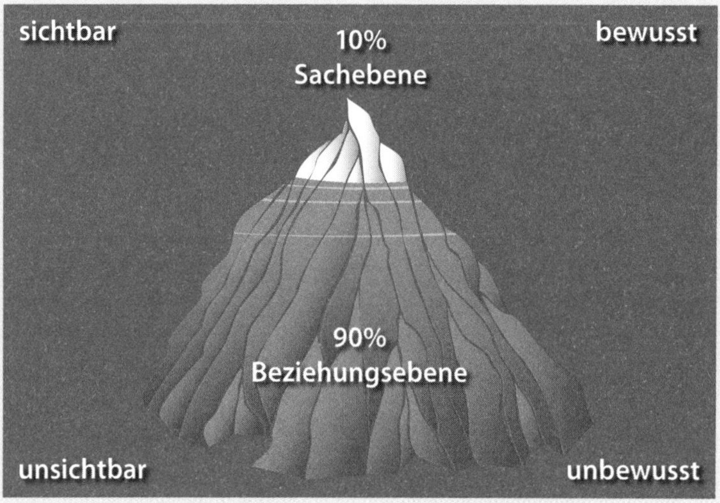

Dieses Modell geht auf die allgemeine Theorie der Persönlichkeit von Sigmund Freud zurück und wurde im Laufe der Jahre von Gehirnforschern und Neurologen immer wieder diskutiert und modifiziert. In diesem Modell wird sehr deutlich, dass der weit größere Teil des menschlichen Denkens und Handelns unbewusst bestimmt wird.

Wie hoch der Prozentsatz ist, darüber sind sich die Forscher uneins. Die Diskussionen schwanken zwischen 20 : 80% bis hin zu 5 : 95%. Tatsache aber ist und bleibt, dass unser Unterbewusstsein deutlich stärker unser Denken und Handeln bestimmt als unser Bewusstsein. Darin liegt jedoch auch die große Chance, jeden Tag bewusster werden zu wollen.

Die Forschung weiß, dass wir im Schnitt 60.000 Gedanken am Tag haben. Das bedeutet auch, dass nahezu 60.000 Impulse (!) auf den Körper, auf unsere Gefühle einwirken. Um diese Gedankenflut zu kanalisieren und im Griff zu haben, müssen wir sowohl den positiven als auch den negativen Gedanken auf die Spur kommen. Gefühle sind dafür ein zuverlässiges Barometer. Es ist zum Beispiel unmöglich, an etwas Schönes zu denken und sich gleichzeitig schlecht zu fühlen, das gilt auch umgekehrt. Probieren Sie es aus! Und wie können Sie gegensteuern? Wenn Sie ein bestimmtes (unerwünschtes) Gefühl wahrnehmen, halten Sie kurz inne, machen sich bewusst, womit Sie sich gerade gedanklich beschäftigt haben, und nehmen eine (gedankliche) Kurskorrektur vor. Stellen Sie für Ihre Gedanken einen Torwächter ein. Er wird sehr wach dafür sorgen, dass Sie auf einem guten Weg bleiben.

Allerdings gibt es dabei auch einen anderen wichtigen Aspekt, nämlich den, wie wir unsere Gedanken *beurteilen*. ACT (*Acceptance and Commitment-Therapy*), eine der wissenschaftlich am besten untersuchten Methoden, zielt darauf ab, »gegen Gedanken nicht länger zu kämpfen, sondern sie als das zu erkennen, was sie sind: **Gedanken, einfach nur Gedanken.** *Kognitive Fusion* nennt ACT die seltsame Angewohnheit, jeden Gedanken für wahr zu halten. Wenn unsere innere Stimme uns sagt: ›Du musst mehr leisten‹, dann strengen wir uns noch mehr an, obwohl wir vielleicht schon längst an unserer Belastungsgrenze angekommen sind. Besonders, wenn auch noch starke Gefühle im Spiel sind, neigen wir dazu, selbst die unsinnigsten Gedanken für wahr zu halten.« (Andreas Knuf in: *Psychologie Heute*, Heft 4/2011)

Das Ziel metakognitiver Bewusstheit sollte deshalb sein: zunächst einen Gedanken wahrnehmen und dann entscheiden, ob man ihn für wahr hält und ob man ihm weitergehende Beachtung schenkt. Das heißt aber auch: Wenn wir entscheiden über das, was wir denken wollen, können wir uns auch eine andere Realität erschaffen. Und nun frage ich Sie: Wenn Sie mit Gedanken Ihre Realität erschaffen können, warum tun Sie es nicht so, dass diese Realität für Sie wünschenswert ist? Jeder Gedanke feuert Schaltkreise an: Sie denken etwas Schlechtes und fühlen sich schlecht, so als hätten Sie es gerade erlebt und nicht »nur« gedacht. Sie denken etwas Glückliches und fühlen sich glücklich. Ich möchte Sie nochmals daran erinnern: Sie können nicht gut denken und sich schlecht fühlen, und umgekehrt. Die Resonanz bleibt aktiv.

Und: Sobald sich bestimmte Gedanken öfter wiederholen, verdichten sie sich zu einem Muster, zu einem Glaubenssatz. Und dieser wird dann leicht zu einer Überzeugung: »So bin ich eben.« – »So ist das Leben.« Schnell heißt es dann: »Ich kann das eben nicht.« – »Ich kenne das schon, immer werden die anderen bevorzugt …« – und augenblicklich entstehen Druck und Stress. Wenn wir wieder und wieder den alten Kram hochholen, formt das die Persönlichkeit.

»Die meisten von uns würden keine Medikamente nehmen, von denen bekannt ist, dass sie schwerwiegende Nebenwirkungen haben. Aber in Bezug auf die Gedanken, die wir denken, sind wir meistens nicht so wählerisch. Und nur selten sind wir uns darüber im Klaren, wie sehr bestimmte Gedanken unseren Körper vergiften.«

Gerald G. Jampolsky

Deshalb: Um diesen Teufelskreis zu durchbrechen, sagen Sie STOPP! Sie können sich jederzeit entscheiden, anders zu denken, damit Sie anders fühlen. Sie können sich jederzeit entscheiden, anders zu fühlen, damit Sie anders denken. Dazu gehört eine gewisse Disziplin. Mit konzentrierter Gedankenkraft kann auch scheinbar Unmögliches möglich werden, wie ein eindrucksvolles, inzwischen legendäres Beispiel zeigt:

Der Leichtathlet Roger Bannister lief im Jahr 1954 erstmals eine Meile in 3:59,4 Minuten und stellte damit einen seinerzeit nicht vorstellbaren Weltrekord auf. Denn bis dahin galt es als unmöglich, diese Strecke in weniger als 4 Minuten zu laufen. Der Sportler ließ sich dadurch nicht beirren und trainierte weiter – mit Erfolg, wie man sieht. Nach dieser Sensation folgte einige Wochen nach seinem Triumph die nächste, denn Bannisters Rekord wurde erneut übertroffen! Die mentale Schallmauer war durchbrochen!

Was andere können, gilt auch für Sie: Trauen Sie Ihrer mentalen Power ebenfalls alles zu. Das wird Sie anspornen und Ihnen richtig Spaß machen, je öfter Sie erleben, dass SIE der Chef Ihrer Gedanken sind! Machen Sie es beispielsweise wie im Restaurant: Dort wählen Sie ja auch bewusst die Speisen aus – tun Sie es doch ebenso mit Ihren Gedanken!

Es ist Ihr Leben, auch wenn es sich wahrscheinlich nicht immer so anfühlt. Sie sind hier nicht zur Probe, sondern schon im richtigen Stück. Die Frage ist nur: Wie heißt Ihr Stück? Handelt es sich eher um ein Drama, einen Krimi, eine Romanze oder um einen Actionthriller? Welche Rolle spielen Sie in diesem Stück? Oder sind Sie nur Zuschauer? Gefällt Ihnen das Stück? Oder sind Sie bereits gelangweilt, weil in regelmäßigen Abständen immer das Gleiche passiert? Wissen Sie überhaupt, wer das Drehbuch geschrieben und wer die Regie übernommen hat? Sie ahnen es schon: Natürlich SIE.

We

ALWAYS

have

the

choice.

Die Vorstellung, dass wir alles in unserem Leben selbst erschaffen haben, auch all das, was uns nicht dienlich ist, ist möglicherweise das schwierigste (Lebens)Konzept, mit dem wir uns auseinandersetzen müssen. Gleichzeitig ist es aus meiner Sicht *der* Schlüssel zu einem selbstbestimmten Leben. Mich selbst hat diese Erkenntnis in einer früheren, komplizierten Lebensphase ebenso begeistert wie erschrocken: Wie – ich soll meine Probleme *gewollt* haben? Niemals! Nun ja, zumindest nicht bewusst (dass ich offenbar unbewusst einen Nutzen daraus zog, steht auf einem anderen Blatt). Doch als sich die Erkenntnis einmal eingestellt hatte, gab es für mich keine Ausreden und Opfergeschichten mehr, und ich nahm mein Leben tatkräftig in die Hand. Das hat in meinem Umfeld auf Anhieb nicht jedem gefallen, aber mir.

Zwar gibt es auch heute noch manchmal Momente, in denen ich denke: »Ach, waren das schöne Zeiten, als ich noch meinte, die anderen/die Umstände seien ›schuld‹ daran, wie es mir geht!« Na ja, ein bisschen Selbstmitleid oder auf andere wütend zu sein, darf ab und zu schon sein. Das hat Ventilfunktion, reinigt den Gefühlsfilter und ist allzu menschlich. Nur so ist es authentisch! Ehrlich, wahrhaftig, ungeschminkt. Es geht darum, bewusst das zu durchleben, was ist, dann aber kräftig durchzuatmen, sich entschlossen aufzurichten und weiterzugehen. That's it!

Wie ist es mit Ihnen? Gefällt auch Ihnen nicht alles, was Sie so erleben? Wunderbar, denn dann ist die Zeit reif, Ihr Drehbuch umzuschreiben und ihm einen neuen Titel zu geben. Aber Achtung: Tauschen Sie nicht einfach nur die Darsteller aus! So machen das nämlich die meisten und wundern sich dann, warum sie wieder und wieder die gleichen Storys erleben. Bildlich gesprochen: Wer immer dieselbe Straße geht und dabei immer wieder in dasselbe Schlagloch tritt, wird sich immer aufs Neue ärgern. Doch statt zu fluchen, könnte er auch die Straßenseite wechseln …

Meine Erfahrung ist: Es lohnt sich wirklich anzuhalten, sich umzuschauen und sich zu fragen: Wo stehe ich eigentlich? Lebe ich nach meinen Werten? Mache ich überhaupt das, was ich kann und was mir Freude bereitet? Mit welchen Menschen umgebe ich mich? Geben diese Menschen mir Energie oder nehmen sie mir Energie? Wie oft lache ich am Tag? Bin ich glücklich? Und was bedeutet Glück für mich? Wo will ich hin und mit wem?

Ja, glücklich sein ist genau damit verknüpft: Sie brauchen ein Ziel! Der Mensch ist unterwegs, um zu entdecken, seine Grenzen auszuloten und um über sie hinauszuwachsen (siehe das 7. Gebot). Schon als Kind folgten wir diesem Lebensprinzip – und es gilt noch heute, als immerwährender Motor in dieser unserer Existenz. Denn darin steckt schon die jahrtausendealte Weisheit: *Der Weg ist das Ziel.* Finden Sie also heraus, was passiert, wenn Sie sich selbst folgen. Mehr dazu im 3. Gebot.

Input

Klopfen Sie sich öfter mal auf die Schulter – und zwar wirklich mit der Hand! Freuen Sie sich über das, was Ihnen gelingt.

3. Gebot
ERFOLG HAT, WER SICH SELBST FOLGT

Der Weg ist das Ziel

»Kannste was, haste was, biste was.« So oder ähnlich haben Sie das schon gehört. Oder: »Du willst ja schließlich was erreichen im Leben – also streng dich an!« Und so sind wir ins Leben gezogen, in der Hoffnung, dass dieser Deal aufgeht. Und: Ist diese Rechnung bei Ihnen aufgegangen? Wenn ja, wie fühlen Sie sich damit? Vielleicht sind Sie ja im Reinen mit allem, was Sie erreicht haben, und zufrieden. Vielleicht wurde aber auch die Illusion genährt, dass Sie glücklich sind, sobald Sie Ihr Ziel erreicht oder die Umstände sich geändert haben? »Wenn … dann« – das gehört zur Illusion: Wenn ich erst mal den Auftrag an Land gezogen habe, wenn ich endlich die Prüfung bestanden, das tolle Auto gekauft, den angepeilten Reichtum erschaffen habe, verheiratet oder geschieden bin, dann ist alles gut.

Und: Wie lange hat es angehalten, das gute Gefühl? Auf dem Weg merken Sie vielleicht, das Ganze war eine Lüge, mindestens eine Illusion. Warum, ist ganz einfach erklärt: Wir können gar nicht ankommen, weil es kein Ankommen gibt. Das Leben ist wie ein Fluss, in dem wir zwar hie und da ankern können, um Atem zu schöpfen, um in Ruhe die nächste Etappe zu planen, sich ein Ziel zu setzen. Doch unterdessen rauscht das Wasser unter uns weiter. Tauchen wir wieder ein, ist es nicht dasselbe Wasser, und auch wir haben uns verändert. So sind wir Teil des großen Ganzen mit seinem fortwährenden Werden und Vergehen. »Niemand kann zweimal in denselben Fluss steigen«, sagte Heraklit über den ewigen Wandel des Seins. Machen wir uns deshalb klar: Der *Weg* ist das Ziel. Die Freude liegt im Tun, nicht im Erreichten.

Dafür gibt es in der Gesellschaft immer wieder interessante Bestätigungen. Ist das Ziel erreicht, wird zwar meistens erst mal tüchtig gefeiert, sich gegenseitig auf die Schulter geklopft, in euphorischer Stimmung mit dem Gefühl, die ganze Welt umarmen zu können. Doch viele Menschen erleben das Erreichte durchaus auch mit gemischten Gefühlen. Im Sport zum Beispiel steht so mancher mit Tränen auf dem Siegerpodest, statt vor Freude zu jubeln – das kommt dann nach der Hymne. Legendär auch »Kaiser« Franz Beckenbauer, als er 1990 nach dem sensationellen WM-Sieg seiner Mannschaft wie ein einsamer Wolf im Stadion seine Runde zog, nachdenklich, Hände in den Taschen, wohl wissend, dass dies sein Höhepunkt als Teamchef war und er danach nicht mehr trainieren würde.

Auch in anderen Bereichen – zum Beispiel bei Auszeichnungen – weinen und lachen die Sieger häufig bei der Prämierung. Und wenn jemand seine Traumreise macht und endlich am Ziel seiner langgehegten Wünsche steht, ist das Erlebte oft kaum zu fassen (»Bin ich wirklich hier?«). Und wer schon unter schwierigsten Bedingungen die Spitze eines hohen Berges erklommen hat, obwohl ihn zwischendurch die Kräfte zu verlassen drohten, wird kaum laut jubeln, sondern erschöpft, aber voller Staunen, Demut und tiefer Freude still den Augenblick genießen. Im folgenden Abstieg dann werden sich Stolz und Wehmut mischen über das Erreichte.

Ja, Erfolg kann durchaus auch traurig machen, weil danach eine gewisse Leere einsetzt. Jeder von Ihnen kennt das: Die Verhandlung ist nach langem, zähen Ringen schlussendlich gut für Sie ausgegangen, Sie konnten das verflixte Projekt endlich zum

Abschluss bringen, die gefürchtete Präsentation war allererste Sahne, der Kunde X hat der langersehnten Kooperation zugestimmt, das Produkt XY wird auf dem Markt gefeiert, und und und. Auch Sie selbst feiern tüchtig mit den anderen, der Sektkorken knallt, die Gläser klingen. Doch dann auf einmal das große Loch, oft auch ein Gefühl von Einsamkeit. Auf der Spitze des Erfolgs ist nicht viel Platz, plötzlich fühlen wir uns allein. Ja, Erfolg kann durchaus einsam machen. Denn Jubel und Ekstase brauchen den Austausch, das Miteinander, das sich aber nach dem Höhepunkt verändern wird. Wir vermissen das Auf-dem-Weg-Sein, das Adrenalin, den Einsatz für das Erreichen des Ziels. Das eine hat sich vollendet, das Neue noch nicht geformt. Diese kreative Leere will ausgehalten sein.

Wie wir es auch drehen und wenden: Wir können in unserem Leben nicht ankommen, sondern wir sind unterwegs. Es gibt keinen Weg zum Glück – bereits der Weg ist das Glück. Doch das ist eine wirklich gute Nachricht, denn sie besagt ja auch: Wir müssen dem Glück nicht dauernd hinterherjagen, sondern können es sofort und immer wieder haben! Glücklich sein ist ganz offensichtlich eine Seins-Form, sozusagen unser Geburtsrecht. Das allerdings wird nicht sofort erkennbar, wenn man sich so umschaut. Höchste Zeit also, dass es wieder mehr in unser Leben und auch in unser Berufsleben kommt!

In Glück eine Eins!

Welche Note würden Sie sich geben, wenn Glück ein Unterrichtsfach wäre? Eine 1? Eine 6? Eine 1 – wunderbar! Keine 1 – was fehlt, um sie zu erreichen? Kommen wir der Sache auf die Spur, aber eines gleich vorweg: Andere sind nicht dafür zuständig, wie es Ihnen geht. Auch wenn Sie das vielleicht manchmal gern hätten. Beim Glück geht es um Eigenmacht und nicht um Ohnmacht. Ausschließlich Sie selbst können sich und etwas ändern. Wenn Sie sich selbst ändern, ändert sich alles.

Ernst Fritz-Schubert, Oberstudiendirektor an der Heidelberger *Willy Hellpach-Schule,* hat vor einigen Jahren das Unterrichtsfach Glück in seiner Schule aufgenommen. Den Schülern wird auf diese Weise wieder Bildung im ursprünglichen Sinne vermittelt, denn – wie es auf der Homepage der Schule heißt – »Jugendliche sollen empfänglich für Glücksmomente sein und sich Wege für ihr dauerhaftes Glück suchen können«. Angeboten wird das Fach »Glück« in der 2-jährigen Berufsfachschule Wirtschaft sowie am 3-jährigen Wirtschaftsgymnasium dieser Institution (www.willy-hellpach-schule.de).

Da »Glück« ein Unterrichtsfach ist, wird es also auch benotet, womit die Schüler offenbar vollends einverstanden sind. Auf die Frage eines Journalisten sagte dazu ein Schüler: »Ich habe das Fach doch gewählt, weil es mich interessiert. Glauben Sie, ich will eine Fünf in Glück?« (*Der Spiegel* v. 12.9.2007) Was für eine coole Antwort, und was für eine tolle Idee! Der Schuldirektor kann inzwischen stolz behaupten, dass seine Schüler deutlich glücklicher und selbstbewusster in die Welt ziehen, und hat darüber inzwischen auch Bücher geschrieben (siehe Literatur). Sein Beispiel macht im wahrsten Sinne des Wortes Schule: Inzwischen gibt es in verschiedenen Ländern (wie z.B. in Dänemark, Österreich) zahlreiche Versuche, das Thema verstärkt in die Schulen zu tragen, um positive Eigenschaften bei Kindern zu stärken.

> *»Da es sehr förderlich für die Gesundheit ist, habe ich beschlossen, glücklich zu sein.«*
>
> Voltaire

Und wie ist es mit Ihnen? Wann holen Sie das Glück in Ihren (Berufs)alltag? Es macht doch eindeutig mehr Spaß, sich im Business öfter kleine Glücksmomente zu schaffen, mit denen die Arbeit leichter und lustvoller von der Hand geht. Das ist schwierig? Ausreden gelten auch hier nicht. Jede Exceltabelle kann glücklich machen, wenn Sie mit Freude anerkennen, dass mit ihr so viele unterschiedliche Infos gut zu verarbeiten sind. In jeder Konferenz können schon durch kleinste Gesten der Wertschätzung und Anerkennung Glücksmomente entstehen. Jeder Kunde kann sich glücklich fühlen – und Sie ebenfalls! –, wenn Sie mit Lust verkaufen, was Sie anzubieten haben. Sie selbst wollen ja auch nicht, dass Ihnen ein muffeliger Markthändler die Äpfel in die Tüte packt, sondern kaufen lieber dort ein, wo der Händler von seinem Obst und Gemüse begeistert ist, oder?

Die Formel für Probleme = Differenz zwischen dem, was ist, und dem, was Sie gern hätten.

Die Formel für Glück = Akzeptieren, was ist.

Wie können Sie nun die Glücksformel optimal bei der Zielerreichung nutzen? Am besten fahren Sie damit, wenn Sie sich sozusagen mit Haut und Haaren, das heißt von ganzem Herzen einer Sache widmen – egal, ob es sich um Routineaufgaben handelt oder um besondere Anforderungen. Letzteres erfordert natürlich so manchen Sondereinsatz und will klug vorbereitet sein. Auch hier kann die Kraft der Gedanken (siehe auch das 2. Gebot, S. 35 ff.) ein ganz wesentlicher Aspekt für die Erreichung eines Ziels sein. Da – wie Sie nun wissen – schon auf dem Weg dorthin überall kleine Glückssteinchen liegen können, lohnt es sich, für die Route richtig gerüstet zu sein.

Und das heißt: Es reicht nicht, sich das Ziel mental zu wünschen. Jetzt heißt es vielmehr, alle fünf Sinne mitzunehmen! Dazu gehört auch, das Ziel klar vor Augen zu haben, ansonsten könnte eine Sache schieflaufen. Anders ausgedrückt: Sie sollten sich schon im Zielfoto befinden, bevor es im Außen überhaupt real ist. Und dafür ist Bewusstseinsarbeit notwendig. Der kniffige Punkt: Auch das Unterbewusstsein mit all seinem gesammelten Erfahrungswissen hat dabei ein gewichtiges Wörtchen mitzureden. Der amerikanische Neurowissenschaftler Dr. Joe Dispenza sagt in seinen Veröffentlichungen, dass wir bis zum 35. Lebensjahr alle Erfahrungen zu 95% unbewusst abgespeichert haben. Die restlichen 5% stehen uns für Veränderungsprozesse zur Verfügung. Reichlich wenig, finden Sie nicht?

Es ist also mehr als klug, die 95% anzuzapfen und sie für die Zielerreichung mitzunehmen. Und das geht am besten mit mentalen Inputs bzw. mit *allen* Sinnen! Andernfalls können die 95% leicht zum Störfaktor werden und Blockaden auffahren, die nicht von Pappe sind. Denn zwischen dem, was wir bewusst wollen und was wir unbewusst wollen, liegen meist Welten! Wichtig ist deshalb, beides in eine Richtung zu bewegen (Kongruenz). Stellen Sie sich daher die Gretchen-Frage:

1. Bin ich es wert, das zu bekommen, was ich haben will (das Projekt, den Vertragsabschluss, das erfolgreiche Kundengespräch etc.)?
2. Bin ich wirklich bereit, das zu tun, was auch immer dafür zu tun ist?

Die Antworten darauf können heikel sein, doch Sie kommen nicht darum herum, wenn Sie erfolgreich sein wollen. Und: Dieser Prozess verlangt zu *verlernen* und neu zu lernen (siehe auch S. 15). Die Erfahrung zeigt: Vor nichts drücken die Menschen sich mehr, als vor der Arbeit des nachhaltigen und konsequent durchgeführten Denkens. Es ist die härteste Arbeit der Welt. Und das trifft besonders dann zu, wenn die Wahrheit im Gegensatz zu den äußeren Erscheinungen steht. Wird die Gedankenarbeit zu lasch gehandhabt (»Ich will auf jeden Fall, aber 1x dran denken, wird schon reichen«), ist der Frust bereits vorprogrammiert. Doch diese Hürde lässt sich meistern – und ich bin sicher, dass Sie es schaffen, wenn Sie es wirklich wollen. Eine wesentliche Hilfe können Ihnen dabei die Prinzipien des 2. Gebots sein (siehe S. 31 ff.).

Darüber hinaus gehört zur Glücksformel aber auch: Leben Sie so, als wäre Ihr Traum schon erfüllt. Verlieben Sie sich in Ihren Traum! *Fühlen* Sie ihn! Dann werden Sie dafür auch andere Menschen oder entsprechende Energien anziehen. Sie wissen ja selbst: Wenn wir verliebt sind, verlieben sich meist auch andere in uns. Denn unsere Ausstrahlung ist einfach unwiderstehlich!

Gehen Sie auch in den Prozess der Vorfreude. Ihr Ziel muss attraktiv für Sie sein. Sehen und *fühlen* Sie sich beispielsweise in der Position, die Sie haben wollen; sehen Sie sich in Ihrem Traumhaus und *fühlen* Sie, wie toll es ist, darin zu wohnen; *fühlen* Sie sich im Zusammenleben mit Ihrem ersehnten Partner, der Partnerin, und so weiter. Das jeweilige Gefühl gilt es aufrechtzuerhalten, auch wenn die Situation sich erst morgen oder übermorgen einstellt.

Aber Achtung: Die meisten Ziele werden nicht erreicht, weil sie nur aus den oben erwähnten 5% Bewusstsein entspringen! Nehmen wir ein Beispiel: Sie wollen gerne 10 Kilo abnehmen und können das auch jedem glaubhaft machen. So weit so gut. Die 5% sind auf Ihrer Seite. Was aber ist mit den 95% Unterbewusstsein? Kommt da beim Wort »Diät« eher Vorfreude oder eher Widerstand auf? Die meisten verbinden mit Diät nämlich die Drohung »Einschränkung« oder »Verzicht«.

Ein anderes Beispiel aus dem Business: Sie setzen sich voll und ganz für ein geplantes Projekt ein und brennen für Ihre Idee – die 5%. Ihr Unterbewusstsein (95%) aber kann Ihre Begeisterung nicht uneingeschränkt teilen, meldet Zweifel an und sieht so manche Schwierigkeiten auftauchen, die angeblich kaum zu überwinden sein werden. Wenn Sie diesen Gedanken mehr Aufmerksamkeit geben als den optimistischen 5%, kann Ihre feste Überzeugung dann doch ganz schnell ins Wanken geraten. Auf einmal meinen Sie beispielsweise, hie und da ein paar Details zu entdecken, die Sie zuvor angeblich gar nicht berücksichtigt hatten, oder es kommt plötzlich die Sorge auf, es vielleicht doch nicht schaffen zu können, auch andere von Ihren Ideen zu überzeugen, und so weiter und so fort – bis schließlich das nagende Gefühl einsetzt: »Ist die Nummer vielleicht nicht doch zu groß für mich …?«

So wird das nichts. Zweifel und Widerstände mit einzubeziehen, gehört zur Zielerreichung dazu. Sie dürfen aber nicht zum Hauptfokus gemacht werden. Um die Sache voranzubringen, hat sich meiner Erfahrung nach, wie erwähnt, stattdessen als äußerst wirksam erwiesen: Kreieren Sie sich im Innern ein wirklich attraktives Bild von Ihrem Ziel und nehmen Sie es mit auf die Reise dorthin. Wenn es wirklich attraktiv ist, werden sich auch die 95% aus Ihrem Unterbewusstsein in Bewegung setzen, und dann geht (fast) alles von allein.

Für die gedankliche Arbeit der Zielerreichung gebe ich Ihnen im Folgenden noch einige konkrete Tipps mit auf den Weg:

1. **Eine Zielerreichung sollte stets ohne Negation formuliert sein** (also Wörter wie »nicht« oder »kein« vermeiden): Statt »Der Auftrag soll *nicht* gefährdet werden«, ist positiv zu formulieren wie: »Den Auftrag bekommen wir.« Statt »Hoffentlich springt der Kunde nicht ab«, kann es heißen: »Ich freue mich auf die Zusage des Kunden.«

2. **Das Ziel muss erreichbar, spezifisch, messbar sein und ein realistisches Zeitfenster haben.** Egal, welches Ziel: Diese vier Komponenten müssen stets berücksichtigt werden.
3. **Formulieren Sie Ihr Ziel/Ihren Wunsch ohne ein Mangelgefühl.** Springen Sie auch über die Falle von »Wenn … dann«, statt hineinzutappen (siehe S. 45), denn sonst machen Sie sich abhängig von morgen, statt *jetzt* glücklich zu sein, und werden so den Mangel ebenfalls anziehen. Zum Beispiel haben Untersuchungen ergeben, dass etwa 80% der Lottogewinner, die vor dem Gewinn nur über sehr wenig Geld verfügten, Jahre später noch weniger Geld besitzen als zuvor oder sogar verschuldet sind. Warum? Sie haben ihr inneres Bild von einem Mangel nicht verändert.
4. **Eine Zielerreichung muss so genau wie möglich visualisiert werden (Feintuning).** Das Unterbewusstsein reagiert auf Stimmungen und Gefühle, und nicht auf abstrakt formulierte Sätze. Konzentrieren Sie sich deshalb mindestens 1x am Tag für 2 bis 3 Minuten auf das visualisierte Bild, so als hätte es sich schon verwirklicht. Wie sieht das Gewünschte konkret aus, wie fühlt es sich an, wenn Sie am Ziel sind? Sie müssen von dem Erreichten ganz und gar beseelt sein.
5. **Fragen Sie sich bei jeder Zielsetzung stets: »Tue ich es für *mich* oder für mein Image?«** Wichtig ist nicht allein, dass Sie ein tolles Auto fahren – wichtig ist, wie es dem Fahrer geht! Oder: Wichtig ist nicht allein, dass Ihre Power-Point-Präsentation glanzvoll ist – wichtig ist, wie es dem Referenten geht! Überprüfen Sie Ihren inneren Antreiber: Machen Sie Sport, weil Sie nicht dick werden wollen, oder weil Sie es lieben, Ihren Körper zu bewegen? Machen Sie Überstunden, weil Sie Freude daran haben, einen bestimmten Vorgang eines Projekts noch zu optimieren, oder weil Sie den Chef beeindrucken wollen?

Beherzigen Sie bei allen Maßnahmen vor allem, dass Sie erst loslegen, wenn das Bild von dem, was Sie erreichen wollen, klar visualisiert ist. Ideal ist es, wenn Sie Ihr Ziel auch noch schriftlich fixieren – und zwar ebenso exakt wie in der Visualisierung. Denn all dies bewirkt eine noch tiefere Verankerung im Gehirn, also in Ihrem Bewusstsein. Wichtig ist außerdem – wie schon erwähnt –, dass Sie spüren können, wie sich das Gewünschte anfühlt. Wenn Sie das *fühlen* können, ist nichts mehr zu tun. Danken Sie für das, was Sie formuliert haben, und gehen Sie Ihren Weg weiter. Verlieben Sie sich nun nicht nur in Ihren Traum, sondern in Ihre Schöpfung. Nur Mut: Seien Sie ein Beispiel des GROSSARTIGEN.

Wie sehr eine exakte gedankliche »Vorarbeit« das Ergebnis prägt, wurde auch in einer Langzeitstudie der Harvard-Universität in Boston deutlich, die herausfinden wollte, wie und warum sich die späteren Karrieren der Studenten unterschiedlich entwickelten, und wie sich das auf ihre Verdienstmöglichkeiten auswirkte:

Zu Beginn der Studie starteten 87% der Absolventen ins Berufsleben, ohne ein klares Ziel über den Verlauf ihrer Karriere vor Augen zu haben. 10% hatten ihr Ziel zumindest gedanklich fixiert. Lediglich 3% der Studenten notierten ihre Ziele schriftlich und machten dabei auch genaue Angaben über alles, was sie dafür zu tun hätten. Zehn Jahre nach dem Experiment stellte sich heraus: Jene, die ohne festes Ziel gestartet waren, verdienten am wenigsten. Diejenigen, die sich gedanklich auf ihre Karriere vorbereitet hatten, verdienten zirka doppelt so viel wie die anderen. Und diejenigen, die gedanklich und schriftlich an die Sache herangingen, verbuchten ein vielfach höheres Gehalt als jene, die ohne Ziel ins Berufsleben gegangen waren.

Wir sehen: Mentale Arbeit lohnt sich durchaus. Sie ist der ideale Boden, damit das Gewünschte wächst und gedeiht.

Was ich mir
vorstelle,
stellt sich
mir vor.

Dranbleiben

Wichtig ist aber auch: Wer sein Ziel erreichen will, muss eine Selbstverpflichtung eingehen und täglich etwas dafür tun, sonst schlagen die alten Gewohnheiten gnadenlos wieder zu. Die Erfahrung zeigt jedoch, dass die meisten diesen Aspekt leider nicht berücksichtigen. Kaum geht es ihnen besser oder geht es mit einer Sache voran, hören sie auf – und der Plan scheitert. Deshalb: Täglich dranbleiben und mindestens drei Wochen lang! Gehirnforscher fanden heraus, dass wir diese Zeit brauchen, um eine neue Gewohnheit zu etablieren. Egal, ob es darum geht, eine Diät einzuhalten, das Rauchen aufzugeben oder sich im Beruf endlich auf Erfolgskurs zu bringen und authentisch zu zeigen: Klug ist es, sich dafür im Alltag einen *Reminder* einzubauen. Das heißt: Denken allein genügt nicht (siehe das Ergebnis der Harvard-Studie), sondern wir müssen das Denken durch eine bestimmte Handlung auch erlebbar/sichtbar machen – und es uns dadurch ins Bewusstsein holen.

Lassen Sie sich also etwas einfallen – der Kreativität sind keine Grenzen gesetzt! Eine schöne Anregung ist die folgende Geschichte eines zweifachen Goldmedaillen-Gewinners über Kaffee ohne Zucker:

Der Vielseitigkeitsreiter Hinrich Romeike, im »richtigen Leben« Zahnarzt, formulierte ein Jahr vor den Olympischen Spielen 2008 in Peking das klare Ziel, eine Goldmedaille zu gewinnen. Er hatte zwar schon Erfahrungen auf großen Champions gesammelt, gehörte aber als reiner Amateur noch nicht zum fünfköpfigen Olympiakader. Unbeeindruckt davon flog er jedoch - aus anderen Gründen – in diesem einen Jahr vor den Spielen nach Peking. Dort ließ er sich ein Anzug schneidern, bezahlte ihn und sagte zu dem Schneider: »Wenn ich den Anzug innerhalb eines Jahres nicht abgeholt habe, können Sie ihn verschenken.« Das war seine erste gute Idee. Dann fuhr er an die

Orte der Austragung und stellte sich ganz deutlich vor, wie er hier ein Jahr später mit der Goldmedaille seine Ehrenrunde im Stadion reiten würde. Dieses Bild inhalierte er mit jeder Faser seines Körpers und reiste zurück. Zu Hause angekommen überlegte er, wie er sich täglich an sein Ziel erinnern könnte, sodass es im Alltag lebendig bleibt.

Und nun kommt die zweite gute Idee: Da er täglich einige Tassen Kaffee mit viel Zucker trinkt, entschied er, um sein Ziel im Auge zu behalten, ein Jahr lang bis zum Beginn der Spiele auf den Zucker zu verzichten. Jedes Mal nun, wenn er in einer Behandlungspause seinen Kaffee trank, dachte er: »Oh Gott, schmeckt das scheußlich, warum tue ich mir das nur an? – Ah ja, okay, ich will die Goldmedaille gewinnen!«

Sie ahnen schon, wie die Geschichte ausging: Er gewann die Goldmedaille – aber nicht nur eine, sondern zwei (!) – und gibt mittlerweile seine Erfahrungen in Vorträgen an andere Menschen weiter. *www.hinrich-romeike.de*

Diese Geschichte zeigt: Es lohnt sich immer, an sich und seine Ziele zu glauben! Selbst dann, wenn sich das Erwünschte nicht gleich so olympiareif realisiert. Manchmal ist in unseren Augen etwas gescheitert, und später stellt sich vielleicht heraus, dass die Zeit einfach noch nicht reif war für den Erfolg. Auch das ist eine Erfahrung und kein schwacher Trost. Es sollte einen ganz im Gegenteil weiterhin anspornen, auf der Spur zu bleiben. Natürlich – es mag sinnvoll sein, bei zu viel Gegenwind nochmals zu überprüfen, ob die Grundidee noch stimmt und ob sie weiterhin im Einklang steht mit den Plänen *und* den eigenen Bedürfnissen. »Muss ich etwas erreichen oder will ich es erreichen?« Eventuell ist eine Kurskorrektur angesagt, aber geben Sie niemals das ganze Vorhaben auf, sofern Sie das klitzekleinste Gefühl von Resignation verspüren! Denn so würden Sie das Ganze als Scheitern verbuchen und an Ihren Fähigkeiten zweifeln.

Wie viel sinnvoller und aufbauender ist es dagegen, an die eigene Power zu glauben und an die eigene *Berufung,* etwas ganz Bestimmtes zu tun. Und wenn Sie dafür einen anderen Platz einnehmen müssen, dann tun Sie es. Denn wollen Sie vielleicht immer am selben Platz stehen? Nein! Also bewegen Sie sich und folgen Sie Ihrer Berufung. Ganz gleich, ob Sie Brötchen backen, anderen die Haare schneiden, ein Unternehmen leiten oder den Fuhrpark dirigieren: Lieben Sie, was Sie tun! Es entspricht Ihrer Aufgabe, Ihrer Gabe.

Gehen Sie in Kontakt mit dem, was Ihnen gelingt!

Im Beruf ist die Berufung verborgen. Also werden Sie ihr auch gerecht. Stehen Sie schon morgens mit breitem Lächeln auf, so als ob Sie es kaum erwarten können, wieder die Gabe Ihrer Berufung auszuleben. »Soll das ein Witz sein?«, fragen Sie mich vielleicht. »Ich soll mich lächelnd auf meine Berufung freuen, obwohl ich im Büro/im Geschäft nicht mehr weiß, wo mir der Kopf steht, und ich schon mit einem Bein im Burnout stehe?«

Ja, das meine ich. Ohne Zweifel sind die Arbeitsalltage bei uns allen viel zu vollgestopft, Unerledigtes türmt sich, der Einzelne wird oft in Firmenzwängen verspeist und hat die Erwartung anderer zu erfüllen. Doch in all diesem Chaos werden Sie immer etwas finden – und sei es nur eine scheinbar kleine Aufgabe –, die es Ihnen erlaubt, das zu tun, was Ihnen wichtig ist.

Für das eigene Glücksempfinden ist es entscheidend, genau das zu tun. Wenn Sie dafür Unterstützung und Anregung brauchen: Lernen Sie einfach von Kindern! Gehen Sie mit einem Kind in die Natur, bestaunen Sie mit ihm große und kleine Wunder. Lernen Sie von ihm, Dinge zu sehen, an denen wir Erwachsene in Eile meist vorbeilaufen. Lassen Sie sich vom kindlichen Spiel begeistern, spielen Sie mit, vertrödeln Sie die Zeit. Mag sein, dass Sie damit nicht weit kommen. Doch ich verspreche Ihnen, es bringt Sie weit.

Heute will ich
aus dem Rahmen fallen
und weich landen,
dann zu der Musik in meinem Kopf
schön aus der Reihe tanzen,
mich zum Ausruhen
zwischen die Stühle setzen,
danach ein bisschen
gegen den Strom schwimmen,
unter allem Geschwätz wegtauchen
und am Ufer der Phantasie
so lange den Sonnenschein genießen,
bis dem Ernst des Lebens
das Lachen vergangen ist.

Hans Kruppa

So verlieren Sie Ihr Feuer nicht, sondern bleiben in Kontakt mit dem, was Sie erreichen möchten. Es ist Ihr ureigener Esprit, etwas Einmaliges, was das Leuchten in Ihren Augen bewirkt und Ihre Anziehung ausmacht. Das wiederum macht andere offen und neugierig für Sie und Ihre Ideen. Denn für uns alle gilt: Wir wollen nicht nur hören, wir wollen vor allem fühlen, wofür der andere steht. Wofür treten Sie an? Jemand, der begeistert ist von dem, was er tut, ist automatisch erfolgreich.

Ist Ihr Beruf etwas,

wofür

Sie leben

ODER

wovon

Sie leben

?

Erfolg hat viele Gesichter

Was bedeutet für Sie Erfolg? Ab wann fühlen Sie sich erfolgreich? Und wer bestimmt das? Die meisten Menschen definieren sich über ihr Tun. Fragt man sie, wer sie sind, antworten sie mit dem, was sie tun. Und was passiert, wenn sie nichts mehr zu tun haben? In diesem Buch sprechen wir über Business-Gebote und darüber, wie wir beruflich erfolgreich sein können. Der Fairness halber sollte ich aber erwähnen: Erfolg geht weit über den materiellen Erfolg, über Karriere und Macht im Beruf hinaus. Der Mensch ist mehr als die Summe seiner Leistung, denn sie kann ihm in jedem Moment genommen werden. Das wissen wir aus den Zeiten hoher Arbeitslosigkeit nur allzu genau.

Deshalb ist es gefährlich, sich ausschließlich auf den Erfolg im Beruf zu reduzieren. Erfolg bedeutet auch ein glückliches Privatleben, Gesundheit, Zeit für die eigene Entwicklung zu haben, für andere Menschen, Tiere und Pflanzen da zu sein, aus persönlicher Überzeugung zu handeln, feste Werte zu haben – und vieles andere mehr, jeder auf seine individuelle Weise.

Sich ausschließlich über den beruflichen Erfolg zu definieren, kann sogar tragische Züge annehmen, wie die folgende Geschichte zeigt:

Eines Tages kam ich auf einem Flug von Hamburg nach Frankfurt mit einem Geschäftsmann ins Gespräch, der in Hamburg lebte und die Woche über in Frankfurt arbeitete. Während wir uns über dies und das unterhielten, rückte er plötzlich mit einem für mich erschreckenden Geständnis heraus: Vor Monaten schon hatte er seine gut dotierte Position verloren und war seither freigestellt. An sich also nichts Ungewöhnliches. Ungewöhnlich für mich war jedoch das Verhalten dieses Mannes: Er flog nämlich jeden Montag – so wie immer – nach Frankfurt und am Freitag wieder zurück nach Hamburg! Aus Angst davor,

»was die anderen wohl darüber denken und sagen würden«, hatte er bislang niemandem etwas über seine Situation erzählt. Er, der sich als der coole Macher gab, definierte sich offenbar vor allem über materielle Dinge. Doch nun hatte er keinen Job mehr und bald auch kein Geld mehr. Und er konnte sich nicht vorstellen, dass seine Familie und Freunde nach dem Rauswurf aus der Firma auch zu ihm als Mensch halten und ihn stützen würden. Denn als Mensch, wie er sagte, hatte er sich schon längst nicht mehr oder kaum noch gezeigt – seine Gefühle hielt er sorgsam verborgen.

Ein trauriges Beispiel über eine Lebenslüge, die zeigt, wie jemand sich selbst verlieren kann, wenn er sich vorwiegend über äußere Werte definiert.

Seien Sie also wachsam mit sich und überprüfen Sie immer mal wieder zwischendurch Ihre eigene Erfolgsbilanz. Sie werden sonst nie zufrieden sein mit dem, was Sie geschafft haben. Machen Sie sich klar, was Erfolg ganz persönlich für Sie bedeutet. Sie können dies für Ihr gesamtes bisheriges Leben definieren – in Bezug auf Ihre Familie, Ihren Beruf, Ihr soziales Leben, Ihren Freundeskreis. Und dann schauen Sie, was das für den einzelnen Tag bedeutet.

Schon Hermann Hesse wusste: »Und jedem Anfang wohnt ein Zauber inne, der uns beschützt und der uns hilft, zu leben.« Genauso können Sie jeden Morgen ganz bewusst als einen neuen Anfang betrachten. Bevor Sie aus dem Bett springen, halten Sie einen Moment inne und richten Ihren Tag mental aus. Wie wollen Sie sich heute erleben? Glücklich oder erfolgreich oder dankbar oder helfend oder tolerant – was auch immer Sie sich vornehmen: Tun Sie es bewusst.

Abends, bevor Sie schlafen gehen, wandern Sie gedanklich noch einmal durch den Tag. Statt dass Sie sich nun über dies und jenes beschweren (Feierabend heißt nicht Meckerabend), erinnern Sie sich dankbar zurück an die Situationen, in denen Ihnen genau das gelungen ist, was Sie sich morgens vorgenommen haben. Noch wirkungsvoller ist es, wenn Sie das Erlebte aufschreiben. So werden Sie einen erholsameren Schlaf haben, da bin ich sicher. **Feierabend.**☺

Sie sind an einem solchen Tag wieder so weit wie möglich Ihrer Bestimmung, Ihrer Berufung gefolgt. Auch dem 3. Gebot: *Erfolg hat, wer sich selbst folgt.*

Input

Lenken Sie Ihre Gedanken immer wieder in eine positive Richtung und auf das, wofür Sie dankbar sind.

4. Gebot
WIE INNEN, SO AUSSEN

Mehr Mut zum Selbstmarketing

Jeder Marketingexperte weiß: Es kommt auf die Verpackung an. Bis ins kleinste Detail wird gefeilt, um das Produkt ansprechend zu präsentieren und Kaufimpulse auszulösen. Da wird viel Aufwand getrieben, probiert und wieder verworfen, keine Mühe, Zeit und Geld gescheut – und all das für ein optimales Firmenimage. Und was tun SIE für Ihr eigenes Image? Wie steht es mit Ihrem Selbstmarketing?

Mit dem 4. Gebot möchte ich Sie dafür sensibilisieren, wie Sie von anderen eingeschätzt werden und dass die äußerliche Wirkung eine wesentliche Rolle dabei spielt. In den vorangegangenen Geboten haben Sie sich intensiv damit beschäftigt, den Blick auf sich selbst zu richten, innerlich aufzuräumen und sich entsprechend auszurichten. Sie waren auf der ICH-Spur – jetzt aber geht es raus zu den anderen – zum DU: »Wie werde ich von anderen gesehen?« Manch einer mag diesbezüglich schon interessante Überraschungen erlebt haben, wenn beispielsweise Kollegen oder Geschäftspartner, nachdem sie einen besser kennengelernt haben, vielleicht das Feedback gaben: »So hatte ich Sie gar nicht eingeschätzt ...«

Was ist da passiert? Ganz einfach: Die innere Befindlichkeit stimmte nicht überein mit dem Äußeren. Die teuerste Bluse wirkt nicht, wenn Sie sich selbst nicht teuer genug sind. Ein eleganter Anzug macht noch keinen Chef, wenn Sie sich nicht so fühlen. Stellen Sie sich einfach vor, Sie würden mit einem Schild auf Ihrer Stirn unterwegs ein, auf dem alle lesen können, wie Sie momentan drauf sind. Nur Sie selbst kennen die Beschriftung nicht, wundern sich aber vielleicht über die eine oder andere Reaktion. Doch Sie wissen ja: Ihre Gedanken- und Gefühlswelt beeinflusst Ihre Ausstrahlung (siehe auch das 3. Gebot, S. 51). Und was Sie ausstrahlen, kommt von anderen zu Ihnen zurück. Deshalb wird beispielsweise auch ein Lächeln nicht die gewünschte Wirkung haben, wenn es aufgesetzt ist (lässt sich sofort entlarven, weil die Augen nicht mitlächeln!).

Bevor wir uns auf der bewussten Ebene begegnen, hat die unbewusste Ebene schon längst Kontakt aufgenommen – zwei Eisberge bewegen sich aufeinander zu und bilden eine Schnittstelle unterhalb der Wasseroberfläche (siehe S. 37). Die innere Haltung erreicht den anderen demnach viel eher als das gesprochene Wort. Sind die innerlichen Botschaften mit den äußeren nicht identisch, treten Irritationen auf, und wir denken: »Irgendwas stimmt da nicht …«

Fakt ist also: Immer wieder ist Authentizität entscheidend, und das sollten wir hinsichtlich Kleidung ebenfalls berücksichtigen – auch und gerade im Business. Wie innen, so außen: Der Körper ist ja kein Kleiderständer, den es irgendwie zu bestücken gilt, sondern das Schaufenster zum Menschen selbst und die Möglichkeit, sich so zu zeigen, wie er sich fühlt. Was ein authentisches Lächeln anbelangt, so hieße das: Schauen Sie, ob Sie trotz Ärger oder Stress statt ein aufgesetztes nicht doch ein wahrhaftiges Lächeln auftreiben können, welches sich vor Schreck vielleicht ins seelische Hinterstübchen verkrochen hat – dann könnte es klappen, dann lächeln auch die Augen …

Und in Hinblick auf authentische Kleidung bedeutet das: Klar, sie soll zu Ihnen passen. Doch Sie können auch ganz gezielt Einfluss auf deren Wirkung nehmen, sodass sie dem entspricht, was Sie erreichen wollen. »Nanu«, höre ich Sie fragen,

»ist denn das nicht reine Manipulation?« Die Antwort lautet: Ja! Denn alles, was uns begegnet, hinterlässt Eindruck bei uns, ob wir das nun wollen oder nicht. Wir wirken immer. Ich möchte Sie daher ermuntern, Ihrer eigenen Präsentation mehr Beachtung zu schenken und Ihre Wirkung entsprechend zu steuern.

Strategische Selbstinszenierung ist die Kunst, sich zu seinem inneren Kern zu bekennen und authentisch zu sein: bewusst seine eigenen Stärken und vermeintlichen Schwächen zeigen und damit zur wirkungsvollen Persönlichkeit werden. Hinterlassen Sie ein Bild, das andere sich merken können. Außerdem: Die anderen sind ja keine Hellseher und nehmen zunächst einmal außen für innen. Das heißt: Wir kommen so an, wie wir wirken. Und Wirkung wird schnell zur Wirklichkeit.

Beantworten Sie sich die Frage: »Wie will ich wirken? Wie bringe ich Inneres mit Äußerem in Einklang?«

Viele möchten ja so gerne glauben, dass es während einer Begegnung vorrangig auf die Inhalte ankommt. Diese Illusion muss ich Ihnen nehmen. Zwar sollte das Hüten hehrer Werte unser oberstes Ziel sein (alle Gebote dieses Buches künden davon), doch was nützt das alles, wenn diese Werte nicht adäquat vermittelt werden? Die alles entscheidende Formel für *hopp oder top* ist **der erste Eindruck**. An ihm zappeln wir uns ab, garnieren Missverständnisse, stricken Vorurteile oder sehen messerscharf, wie die Dinge liegen. Durch ihn lassen wir uns verführen oder aber überzeugen. Der erste Eindruck ist ein Sesam-öffne-Dich zu Sympathie oder Antipathie. Warum er so wichtig für die eigene Präsentation ist, nehmen wir nun genauer unter die Lupe.

Der erste Eindruck

Ein Phänomen, dem sich niemand entziehen kann, auch wenn uns dies meist nicht bewusst ist. Die Wurzeln dieses Persönlichkeits-Checks reichen bis weit in die menschliche Evolution zurück. Es handelt sich um einen Automatismus, der seit jeher allen Lebewesen in der Natur zur Sicherheit und Ordnung diente. Dahinter steckt die simple, (nicht nur) für unsere Vorfahren überlebenswichtige Frage: Freund oder Feind?

Die Entscheidung dauert lediglich Sekunden: 100 Milliarden Nervenzellen laufen auf Hochtouren und werden mit unzähligen Signalen des Gegenübers gefüttert. Zwischen 150 Millisekunden (weniger als das Sechstel einer Sekunde) und 90 Sekunden dauert im Normalfall der Rundum-Check – dann steht das Urteil fest: Alter, Geschlecht, Attraktivität sind die ersten Kriterien, aus denen ein Persönlichkeitsbild entsteht, wenn wir »gnadenlos« über Sympathie und Antipathie entscheiden. »Da wir optische Wesen sind, dominieren zunächst die Signale der Augen«, erklärt der Saarbrücker Psychologe Ronald Henss (in *Focus*, Heft 25 v. 17.6.2002).

Nach den besagten 150 Millisekunden glauben wir zu wissen, in welcher Stimmung sich unser Gegenüber befindet, beispielsweise ob er hilfsbereit, nervös, intelligent oder nicht besonders helle ist. Wir treffen Entscheidungen über seinen Status, seine Kompetenz, Stellung und Herkunft, über Vertrauen und Nichtvertrauen sowie darüber, welche Bemühungen wir für den Kontakt zum Gegenüber zu investieren bereit sind.

Erst ganz zum Schluss, wenn die Bewertungskaskade fast abgeschlossen ist, folgt der kognitive Prozess. Dann erst sind wir in der Lage zuzuhören, denken darüber nach, was jemand gesagt hat, und folgen dem Inhalt.

Millisekunden entscheiden über den weiteren Verlauf eines Kontakts. In dieser kurzen Zeit machen wir uns klar: Mag ich, mag ich nicht. Kaufe ich, kaufe ich nicht. Vertraue ich, vertraue ich nicht.

In meiner Zeit als Personalchefin hatte ich bei den Bewerbungsgesprächen mit dem ersten Eindruck sehr oft zu tun. Dabei stellte sich immer wieder heraus: Es ist eine echte Herausforderung, sich vom ersten Eindruck nicht dominant beeinflussen zu lassen. Denn ganz gleich, ob er positiv oder negativ ist, kann er sehr schnell Auswirkungen auf das eigene Verhalten haben. Denn Achtung: Da der erste Eindruck – wie erwähnt – in Sekundenbruchteilen abläuft, kann er leicht auch zur Falle, nämlich zum Vorurteil werden! Darauf komme ich später noch zurück. Es ist daher geraten, in diesen Situationen absolut wachsam zu bleiben.

Dennoch ist und bleibt der erste Eindruck für uns alle eine wichtige Instanz. Er ist sozusagen die Ouvertüre im hoffentlich erfreulichen individuellen Kommunikationskonzert. Und welche Gefahren auch immer er bergen mag – der Sekundencheck bleibt wegen seiner Schnelligkeit unschlagbar. Denn je schneller wir in der Lage sind, Menschen einzuschätzen, desto schneller können wir mit ihnen in Beziehung treten. Das Spiel beginnt. Wenn Sie und Ihr Gesprächspartner sich sympathisch sind, werfen Sie sich wechselseitig die Bälle zu. Entsprechend locker und unverkrampft ist das Gespräch. Sind Sie Ihrem Partner hingegen unsympathisch, verläuft das Gespräch stockend. Und Sie haben permanent das Gefühl, dass die Chemie nicht stimmt und Sie an Ihr Gegenüber nicht herankommen. All das wirkt sich natürlich auf das Gesprächsergebnis aus.

Die Sprechweise eines Menschen hinterlässt ebenfalls Wirkung. Ist sie eloquent, schließen wir leichter auf Souveränität. Aber Achtung: Wortkargheit muss nicht automatisch das Gegenteil bedeuten! Mehr über die verschlungenen Pfade der Sprachbotschaften – über das, was wir sagen und meinen bzw. sagen und *nicht* meinen – erfahren Sie im 5. Gebot.

Eine wesentliche Rolle in der Kommunikation spielt natürlich auch die Körpersprache. Da dieses Thema äußerst komplex ist, werde ich in diesem Buch nicht näher darauf eingehen können. Doch erwähnen möchte ich zumindest, dass auch die *Bewegung* eines Menschen Rückschlüsse auf seine Persönlichkeit zulässt. Sekundenschnell nehmen wir wahr, wie extrovertiert, tolerant, stabil oder gewissenhaft etc. jemand ist. Die Bewegung einer Person, von der etwas erwartet wird, ist komplett anders als jene, die aus persönlichem Antrieb erfolgt.

Falls Sie sich auf dem äußerst spannenden Gebiet der Körpersprache ausführlicher tummeln möchten: Ich weise besonders gern auf eine Koryphäe zu diesem Thema hin – auf den einzigartigen Samy Molcho, der auch das Vorwort zu diesem Buch schrieb. Von ihm habe ich viel über Menschen und die Sprache ihres Körpers gelernt. Meine Seminare und Begegnungen mit Samy Molcho haben meine Art zu arbeiten nachhaltig geprägt.

Der erste Eindruck ist immer vielschichtig und kann weitreichende Folgen haben. Insbesondere deshalb, weil er stets auf Wechselwirkung besteht zwischen dem, der sieht, und dem, der gesehen wird. Und genau hier lauert schon eine riesengroße Falle: das bereits erwähnte Vorurteil (siehe auch das 5. Gebot, S. 89). Um möglichst rationell zu arbeiten, bedient sich das Gehirn nämlich stereotyper Bilder, die es aus wenigen Signalen ableitet: spießiger Beamter, dumme Blondine und so weiter. Vorurteile können uns gewaltig aufs Glatteis führen: Denn alles, was wir sehen oder hören, trifft auf unsere eigene Erlebenswelt, auf Erfahrungen und Bewertungen – und blitzschnell steht die Meinung über einen anderen fest: »Die neue Kollegin soll ja eine richtige Zicke sein«, oder: »Ach herrje, der Kunde X ist ja immer so schwierig, machen Sie sich also auf was gefasst.« Ganz fix wird nun jedes Wort, jede Geste in eine entsprechende Richtung interpretiert. Und wehe, die Stimme ähnelt jemandem, den wir nicht leiden können – dann hat unser Gegenüber ganz schlechte Karten!

»Der liebe Gott hat uns nur Engel geschickt, aber sie kommen manchmal in komischen Verpackungen.« Katharina, Tochter von Regina Först

Wenn die Falle zuschnappt

Was ein voreiliges Urteilen alles anrichten kann, zeigt ein Beispiel aus meiner Praxis, als ich von einem Unternehmen gebeten wurde, bei der Einstellung einer Führungskraft beratend anwesend zu sein. Es ging um die vielversprechende Bewerbung eines Mannes, der durch einen Headhunter vermittelt worden war. Der Mann trat ein, alle Anwesenden begrüßten sich per Hand, und man bat ihn, Platz zu nehmen. Auf dem Weg dorthin flüsterte mir der Personalchef zu: »Den stell ich nie ein. Haben Sie den Händedruck gespürt? Dann doch besser einen toten Fisch in der Hand. Ein Weichei, der kann nichts, das weiß ich jetzt schon.« (Wir sehen: Auch hier war wieder der erste Eindruck entscheidend, dennoch lauerte die Gefahr eines Vorurteils, weil ein Mensch nun mal mehr ist als sein Händedruck.) Der Bewerber hatte jede Menge Fachkompetenz zu bieten und wirkte darüber hinaus sympathisch. Ich fand es angemessen, weitere Kriterien gelten zu lassen, und beschloss, die Sache aufmerksam zu beobachten.

Das Gespräch verlief von Anfang an nicht auf Augenhöhe, denn ich spürte, dass der Personalchef nur noch nach weiteren Argumenten suchte, um sein Urteil bestätigt zu sehen (und schon lauerte die Falle …). Nach Beendigung des Interviews verabschiedete sich der Vorstellungskandidat, und da ich einen anderen Eindruck hatte als der Personalchef, fragte ich den Mann spontan, ob etwas mit seiner Hand nicht in Ordnung sei. Daraufhin erzählte er, dass er sie bis vor wenigen Tagen in Gips gehabt hatte und im Moment nur unter Schmerzen die Hand geben konnte. Noch Fragen?

Ja, so ist das: Mit dem Vorurteil wird guillotinengleich oftmals auch der ganze Mensch verurteilt, obwohl nur ein Detail irritiert oder stört. Schnell heißt es dann: »Der/die ist nicht nett«, statt: »Die Kleidung/die Stimme ist nicht nett.« »Der Mann ist aber ziemlich nervös«, statt: »Seine Stimme klingt nervös.« Wenn wir uns all dessen nicht bewusst sind, nehmen wir *außen hundertprozentig für innen*. Und das ist keinesfalls immer die ganze Wahrheit. Wenn vom Detail auf das Ganze geschlossen wird, kann das auch im Business fatal enden, nach dem Motto: »Dieses Restaurant ist nicht gut, da wird man so schlecht bedient.« Kommt Ihnen das bekannt vor? Firmen sollten also darauf achten, wie die Mitarbeiter das Unternehmen nach außen repräsentieren und wie sie agieren. Denn der erste Eindruck prägt das Gesamtimage (siehe dazu auch das 6. Gebot).

Wo ist der Ausweg? Der Erste-Eindruck-Falle können Sie nur entkommen, wenn Sie sich bestmöglich mit Ihrem eigenen Eindruck beschäftigen, sich Ihr Erleben bewusstmachen und versuchen, Ihr Innen und Außen so weit wie möglich anzunähern (darauf komme ich auf den folgenden Seiten noch zurück). Geschieht dies nicht, wird der andere einfach in eine Schublade gepackt. Und wer dann noch den Schlüssel umdreht, will sich mit dem anderen gar nicht verständigen, sondern nur seine eigene Welt bestätigt sehen bzw. die Welt so sehen, wie er selbst ist. Dass das zu nichts führt, außer zu einer misslungenen Kommunikation (siehe das 5. Gebot), ist sonnenklar.

Kein Zweifel: Der erste Eindruck ist so machtvoll, weil dabei unsere Intuition beteiligt ist, die durchaus großen Einfluss hat. Doch da sich die wenigsten Gedanken über ihre Wirkung machen, sollten wir stets die Wahrheit beherzigen: *Der Mensch ist mehr als seine Optik*. Versuchen Sie's also mal in eine andere Richtung und fragen Sie sich zunächst: Was denke ich über wen oder was und wie sehr habe ich damit wirklich recht? Gut möglich, dass Sie dann überrascht feststellen: »Enorm, wie sich Kollegin X in dieser Sache behauptet, dabei dachte ich immer, sie sei schüchtern«, oder: »Aha, Herr X. ist ja gar nicht so arrogant, wie er anfänglich gewirkt hat …« Wie kommt es zu solchen Fehleinschätzungen? Haben Sie zu wenig Menschenkenntnis? Vielleicht. Viel wahrscheinlicher aber ist, dass der andere nach außen anders wirkt, als er sich fühlt.

Die höchste Form der Intelligenz ist es,
zu beobachten, ohne zu bewerten.

Lassen Sie die Schublade doch einfach offen, bis Sie den anderen besser kennengelernt haben. Hilfreich kann bei Antipathie auch sein, die Perspektive zu wechseln: Wie würden Partner, Kinder oder Freunde Ihres Gegenübers über ihn urteilen? Mit einer solchen Haltung üben Sie Wertschätzung und geben dem anderen die Chance, aus der Schublade herauszukommen. Und Sie selbst entwickeln mehr und mehr die Kunst, wertfrei von anderen zu denken und ihnen fair entgegenzutreten.

Höhle oder Hollywood: Wie kommen Sie an?

Wie steht es mit Ihnen: Arbeiten Sie lieber im Verborgenen, im Hintergrund, oder brauchen Sie das große Kino, um Ihre Anliegen bestmöglich zu vertreten? Keine Sorge, das 4. Gebot wird keine Entweder-Oder-Position verkünden (denn andernfalls würden auch damit Schubladen gefüllt ...). Ich werde Sie im Folgenden allerdings mit einigen Basics des äußeren Eindrucks vertraut machen, damit Sie sich klipp und klar ein Bild über die Konsequenzen machen können. Entscheiden Sie selbst, wie Ihre Wirkung nach außen sein soll. Wichtig ist mir, dass Sie diese äußere Wirkung so gut wie möglich mit Ihrem Innern in Übereinstimmung bringen können. Authentizität geschieht nur auf diese Weise. **Wie innen, so außen.**

Wer da ist, ist da. Wer präsent ist, präsentiert auch sich selbst, ob er nun will oder nicht. Selbst wer sich jeder Darstellung verweigert und »ganz so sein will, wie ich gerade bin«, teilt dies unbewusst seinem Umfeld mit. Wer diesen Prozess jedoch bewusst steuert, zeigt sich selbstbewusst. Das heißt: Auf den Bühnen des Lebens wirken Sie jederzeit. Ob beruflich oder privat – Sie stehen im Scheinwerferlicht Ihres Umfelds, sind »Darsteller« zwischen Kollegen, Familie und all den anderen Menschen, mit denen Sie zu tun haben. Und Sie nehmen verschiedene Rollen ein – Sie sind beispielsweise Eltern, Freund, Führungskraft, Käufer oder Verkäufer. Bitte verstehen Sie eine »Rolle« nicht als etwas Negatives, sondern betrachten Sie sie als jeweiligen Ausdruck Ihrer vielschichtigen Persönlichkeit.

Welche auch immer es sein mögen: Nur Sie entscheiden, ob Sie diese Rollen vertiefen wollen, an ihnen arbeiten und sie lebendig werden lassen. Bleibt eine Rolle mit Ihrem Kern verbunden, ist sie authentisch, und Sie leben auf wundervolle und natürliche Weise auch Ihr *Charisma*.

Leben Sie Ihr
CHARISMA
und begrüßen Sie
dabei freundlich
auch die
NEIDER.

Charisma ist der Ausdruck Ihrer einzigartigen Persönlichkeit – ein beeindruckender Gruß Ihrer Seele in die Welt. Ein solch ehrliches, weil authentisches Charisma kann auf gute Weise Menschen überzeugen, sie begeistern und für Ideen und Projekte entflammen lassen. Auch Sie selbst werden dieses Phänomen, die Wirkung anderer auf Sie selbst, kennen.

Ein Mensch mit Charisma wird selbstverständlich immer auch von anderen bewertet – bewusst oder unbewusst. Lassen Sie sich davon nicht beirren, sondern entscheiden Sie sich lustvoll und selbstbewusst für Ihre ureigene Performance. Wie gefällt Ihnen der Gedanke, dass Sie die Menschen um sich herum zu Ihren echten Fans machen können? Aber Vorsicht: Diese Art der Selbstinszenierung ist keine Einladung für narzisstische Höhenflüge und selbstgerechtes Schulterklopfen, sondern *bewusste Wahrnehmungssteuerung*!

Schauen Sie so in die Welt, werden Sie verschiedene Phänomene entdecken, zum Beispiel den **Primacy-Effekt**. Er besagt nichts anderes, als dass wir in all der Zeitnot und Hektik unserer Tage über jeden, der unseren Weg kreuzt, blitzschnell eine Beurteilung finden müssen. Diese läuft nach bewährten Kriterien ab, die ich bereits auf Seite 68 erwähnt habe. Als Folge davon werden Sie in *verschiedene Schubladen* mit eindeutigen Beschriftungen gesteckt, die Ihr weiteres »Schicksal« ausmachen: »sympathisch«, »unsympathisch«, »nichtssagend«, »08/15-Bewerber« »blasse Type«, »Technik-Freak«, »Bunter Vogel«, »Intelligenzbestie«, »interessanter Kandidat« und so weiter. Diese Einsortierung verläuft nach vielen subtilen Faktoren, über die ich weiter vorn schon gesprochen habe. Wichtig im Moment ist jedoch nur, sich klarzumachen, dass besonders fürs Business am schlimmsten die Schublade mit »nichtssagend« oder »08/15«ist. Wenn Sie dort hineingeraten sind, bedeutet das nichts Gutes, denn dann wirken Sie austauschbar und hinterlassen keine individuelle Duftnote.

In welcher Schublade steckt was?

Beim Primacy-Effekt beurteilen wir andere vorwiegend nach folgenden Kriterien:

- Aussehen (Kleidung, Schmuck, Typ)
- Gefühlsmäßige Zuordnung (Sympathie/Antipathie)
- Benehmen (Verhalten)
- Vorwissen (Ruf, Laufbahn, Titel)
- Vorurteil (bei negativen wie auch bei positiven Vorabinformationen)
- Redeweise (Sprache, Stimme)
- Assoziationen (Ähnlichkeit mit bekannten Personen)

Es entscheiden also letztlich »Äußerlichkeiten« darüber, wie der erste Eindruck ausfällt: wie wir jemanden einschätzen bzw. wie auch wir von anderen wahrgenommen werden.

In meinen Seminaren und Coachings begegnen mir viele Menschen, die sich zu gerne darüber beschweren, dass sie bei einer Beförderung nicht berücksichtigt wurden, sondern stattdessen »der laute Schaumschläger«, »die aufgetakelte Brünette«, obwohl sie selbst »doch viel kompetenter als der oder die« seien. Wer sich so beklagt, sollte statt darüber zu fluchen lieber von den Beneideten lernen. Wer immer in Tarnfarben geht, wird eben auch nicht gesehen. Also: *Bestimmen Sie ab sofort über Ihre eigene Wirkung.* – Spätestens mit den *7 Business-Geboten* sollte dies gelingen … ☺

Neben dem Primacy-Effekt ist noch ein anderer für den entscheidenden ersten Eindruck von Bedeutung: der **Halo-Effekt** (aus dem engl. *Halo* = Heiligenschein). Er besagt nichts anderes, als dass *ein einziges Merkmal alle anderen überstrahlt* – und zwar im Positiven wie im Negativen. Was auch immer wir versuchen zu erinnern: Von diesem ersten Eindruck ist kein Entkommen möglich – zumindest nicht im Unbewussten! Alle weiteren Erfahrungen und Erlebnisse mit der betreffenden Person koppelt das Gehirn von nun an ganz automatisch an diese erste Wahrnehmung: Das kann ein dominantes äußerliches Signal sein wie zum Beispiel ein markantes Piercing, die immer zu kurze Hosenlänge, die stets getragene Fliege, grell geschminkte Lippen, ein verrückt-modisches Brillengestell, ein süßes Grübchen usw.

Und auch beim Verhalten funktioniert der Halo-Effekt: Da bringen wir mit einer bestimmten Person zwangsläufig ein gackerndes Lachen in Verbindung, den unschuldigen Augenaufschlag, das hinreißende Lächeln. Und wir lehnen unbewusst jemanden ab, weil wir zum Beispiel erkennen, dass er »Fan beim falschen Verein« ist, oder wir spüren umgekehrt ein Gefühl der Verbundenheit, weil jemand mit demselben Fähnchen wedelt wie wir; oder wir stellen anerkennend fest: »Klasse, die/der fährt ja auch so gerne Cabrio.«

Und wie steht es mit Ihnen? Sind Sie mit Ihren typischen Merkmalen und dem, wie Ihr Umfeld Sie einschätzt, zufrieden? Oder wollen Sie am Primacy-Effekt ein bisschen herumstricken und den Halo-Effekt auf Glanz polieren? In meinen Seminaren sorgen diese Themen bei den jeweiligen Mitarbeitern oder Führungskräften meist für viel Überraschung. Sie bringen Spaß, führen oft zu erstaunlichen Erkenntnissen und – wie ich immer wieder rückgemeldet bekomme – werden im Alltag auch gewinnbringend umgesetzt.

Wie schon anfänglich erwähnt, lag in den ersten drei Geboten der Fokus auf den inneren Prozessen. Gehen wir nun verstärkt in die äußeren Belange der Selbstinszenierung. Da es sich um ein äußerst komplexes Gebiet handelt, kann ich in diesem Buch nicht im Detail auf die verschiedenen Ebenen eingehen. Aber ich möchte die wichtigsten Punkte erwähnen, die für Ihre äußere Präsentation aufschlussreich und hilfreich sein können.

Kleider machen Leute

Menschen darauf zu reduzieren, wäre ohne Frage respektlos. Dennoch lassen sich fast alle Menschen von Äußerlichkeiten beeindrucken. Ob wir das nun bedauern mögen oder nicht: Im Berufsleben sollten wir es zu unserem eigenen Vorteil nutzen.

Jede Kleidersprache setzt Signale. Sie vermittelt zum Beispiel Nähe oder Distanz, Lust oder Frust, Ordnung oder Unordnung, Kompetenz oder Inkompetenz, Sympathie oder Antipathie – je nachdem, was und wie es getragen wird. Kleidung ist ein hervorragendes Erkennungsmerkmal und symbolisiert mehr oder weniger eine Fülle von menschlichen Aspekten wie: Selbstdarstellung, Protest, personale Abgrenzung oder auch Identifikation mit bestimmten Gruppen. Interessanterweise machen sich aber viele Menschen – auf ihre Präsentation bezogen – kaum Gedanken, wie sie wirken und ob die Verpackung auch zum Inhalt passt.

Sie haben Lust, etwas zu verändern? Aber Sie trauen sich nicht so recht, weil der Kleidungsstil in Ihrer Firma so und so ist oder eine Veränderung nur unnötig auffiele? Der Fluch der Anpassung lässt grüßen! Warum wohl ähneln sich Physiognomien von Hund und Herrchen/Frauchen? Wir Menschen sind adaptive Wesen! Nur zu gern passen wir unser Verhalten unserem Umfeld an. Diese Prozesse verlaufen in der Regel unbewusst, doch sie haben dann Anzug, Krawatte, Kostüm, intellektuellen Schwarzdress, Jeans-»Uniform« oder aber den »Istdoch-egal-laufen-ja-alle-so-rum-Look« zum Ergebnis. Diese Aussage halten Sie für übertrieben? Nun, dann schauen Sie sich mal an Ihrem Arbeitsplatz um …

Um es deutlich zu machen: Anpassung hat durchaus positive Züge: Sie signalisiert ein Zugehörigkeitsgefühl und gibt Sicherheit. Doch wird die Anpassung zu stark, geht Individualität verloren und somit auch die Einzigartigkeit des Menschen. Sorgen Sie deshalb dafür, dass Sie trotz Gemeinschaftssinn ausreichend gesehen werden! Los geht's:

Wie sind Sie angezogen? Untersuchungen zeigen immer wieder, dass wir stets nach Harmonie streben – auch in der Kleidung. Das heißt: Je harmonischer (stimmiger) Sie in Farben und Proportionen gekleidet sind, die zu Ihrem Figur- und Hauttyp passen, desto positiver ist Ihr erster Eindruck bei anderen. Wenn dann noch die innere Befindlichkeit mit Ihrer Kleidung übereinstimmt, fühlen Sie sich einfach wohl in Ihrer Haut. Merke: *Tragen Sie das, was Ihrem Stil entspricht und dem Anlass angemessen ist.*

Wohin wandert der Blick der anderen? Der Blickverlauf geht instinktiv von oben nach unten und wieder nach oben. Dort, wo es etwas zu gucken gibt, bleibt der Blick länger haften (auffälliger Gürtel, Muster, bunte Krawatte). Dort, wo der größte Kontrast ist, ebenso (dunkle Hose, weiße Socken ☺). Aber Achtung: Je mehr Hingucker jemand hat, desto weniger merken sich die Menschen das, was der andere sagt! Denn Äußerlichkeiten (Bilder) werden instinktiv bewertet (Emotionen), und diese beiden Faktoren haben in solchen Momenten Priorität. Beherzigen Sie dies, wenn Sie beispielsweise ein Produkt verkaufen oder in einer Konferenz ein Projekt optimal präsentieren wollen. Was gibt es bei Ihnen alles zu sehen? Merke: *Hingeguckt ist weggehört!*

Verkaufen Sie sich, OHNE sich selbst zu verkaufen!

Die Macht der Farben: Farben beeinflussen im hohen Maße den ersten Eindruck – und zwar über die Intensität und die Farbe selbst. Je heller, desto mehr Nähe – je dunkler, desto mehr Distanz. Je auffälliger, desto mehr Auffälligkeit – und umgekehrt. Sich beklagen gilt also nicht, wenn Sie unauffällige Farben tragen und übersehen werden (siehe auch mein Buch *Ausstrahlung*, S. 156). Merke: *Wenn Sie gesehen werden wollen, dann sorgen Sie auch dafür!*

Karriere beginnt im Kleiderschrank: Das Selbstwertgefühl wird von den anderen ausschließlich über Ihre Ausstrahlung erlebt. **Wie innen, so außen!** Sicherheit *und* Unsicherheit zeigen sich unmittelbar auch in der Kleidung, Darum mein Tipp: Tragen Sie bei wichtigen Anlässen nur solche Kleidung, in der Sie sich sicher bewegen und wohlfühlen. Kleidung unterstreicht die Persönlichkeit. Merke: *Bei allen Verhandlungen ist nicht nur Ihre fachliche Kompetenz, sondern Ihre gesamte Ausstrahlung entscheidend.*

Und natürlich darf nicht unerwähnt bleiben, dass für Frauen und Männer das Kleidungsthema unterschiedliche Relevanz hat – auch im Business!

Typisch für *Frauen* ist, dass sie sich ganz allgemein oft gnadenlos Gedanken über ihr Outfit machen: Steht mir das? Macht mich das dick? Kann ich das noch tragen? Ist der Rock zu kurz, das Kleid zu weiblich? Ist das überhaupt noch »in«, und so weiter. Und was passiert mit dieser ihrer Haltung im Business? Dort zeigen sich viele Frauen eher unauffällig, meist in neutralen Farben, den männlichen Kollegen angepasst. Wie schade! Eine Frau ist eine Frau und sollte sich auch so zeigen. Es muss ja nicht gleich ins andere Extrem gehen, indem sie als Sexbombe ihren Auftritt hat. Und wenn doch – und sie damit auch noch Erfolg hat? Tja, dann ärgern sich die angepassten Frauen und strebsamen Männer übrigens in schöner Regelmäßigkeit, wenn solch ein »aufgehübschter Bongoschläger« karrieremäßig an ihnen vorbeirauscht, obwohl »die doch lange nicht so viel auf dem Kasten hat wie ich« … Dazu sei lapidar vermerkt: Wer nicht zu sehen ist, wird auch nicht wahrgenommen. Punkt.

Männer halten sich mit solchen Zickereien bezüglich Outfits meist gar nicht erst auf. Sie machen sich relativ selten Gedanken dazu, weil sie das Ganze als Oberflächlichkeit abtun. Sie sind der festen Meinung, dass es im Leben letztlich nur um Inhalte geht. Sorry – aber das ist so nicht richtig!

Innere Begeisterung kann auch im Außen gelebt werden.

Machen wir uns immer wieder klar: Es geht hier nicht um Eitelkeiten und um Oberflächlichkeit, sondern darum, das Innere mit dem Äußeren in Einklang zu bringen. Es geht darum anzuerkennen, dass die äußere Wirkung viel mehr über Sie aussagt, als Sie es vielleicht bisher für möglich halten. Ziel ist es, hier eine Kongruenz zu schaffen. Denn: *Wirkung erzeugt Wirkung.*

Firmen sind ebenfalls gut beraten, dieser Gesetzmäßigkeit viel Aufmerksamkeit zu schenken und die Mitarbeiter darin zu unterstützen, ihre Ausstrahlung entfalten zu können. Hier gelten ebenfalls die Prinzipien des ersten Eindrucks. Zunächst hat dies vor allem mit Äußerlichkeiten zu tun, selbst wenn vielen das nicht behagt. Denn auch Kunden ziehen ja in Sekundenschnelle Rückschlüsse von der äußeren Qualität auf die innere Qualität.

Nutzen Sie dieses Wissen und unterstützen Sie deshalb Ihr Team/Ihre Firma, um sich stimmig nach außen zu präsentieren. Denn jeder einzelne Mitarbeiter ist die wichtigste Visitenkarte des Unternehmens.

Gewiss, die Kleidungsfrage ist generell ein sensibles Thema. Klammern Sie es trotzdem nicht aus. Die meisten Chefs scheinen zwar ganz genau zu wissen, was sie stört und wie ein Mitarbeiter nicht aussehen sollte, doch nur selten sorgen sie für dezente und kluge Inputs, die zu einem anderen Ergebnis führen könnten. Keineswegs geht es darum, im Team eine Uniformität zu schaffen (auch bei einheitlicher Berufskleidung gibt es Spielraum!), sondern es gilt, den Balanceakt zwischen Einheitlichkeit und Individualität zu meistern.

Das ist einer der Gründe, warum ich vor vielen Jahren zusammen mit meinem Bruder das Unternehmen *först class – Corporate Fashion* mitbegründet habe, das unter anderem Berufsmode im Weißbereich herstellt. Wir fragten uns damals, wie Menschen in Apotheken, Arzt- und Zahnarztpraxen eigentlich glaubhaft für Gesundheit eintreten können, wenn sie in ihren kalkweißen, meist unvorteilhaft geschnittenen Kitteln oftmals eher krank, distanziert und unstimmig wirken? Also entwarfen wir typgerechte Schnitte, die – zusammen mit einem wärmeren Weißton – mehr Nähe vermitteln, die Kompetenz des Betreffenden unterstreichen und beim Kunden bzw. Patienten sympathischer ankommen.

Aus demselben Grund entwickelten wir einige Jahre später ein besonderes Farbkonzept für Umhänge in Friseursalons. Denn niemand muss sich darüber wundern, dass er in seinem Geschäft keine Umsätze mit Haarfärbungen macht, wenn die Kunden schwarze, trübselige Tücher um den Hals gelegt bekommen und vielleicht auch die Angestellten fast ausschließlich in Schwarz gehen. Da wird kaum Freude an Frisuren und am Umstyling aufkommen. Aber diejenigen Friseure, die das Farbkonzept in ihrem Salon umgesetzt haben, konnten ihre Umsätze deutlich steigern. Und natürlich stieg mit den belebenden Farben auch die Stimmung bei Mitarbeitern und Kunden.

Wie innen, so außen – dies zeigt sich also auch im gesamten Firmeneindruck. Und dieser wiederum wird von jedem Einzelnen geprägt. Unternehmen sollten daher ganz besonders auf ihre wichtigste Visitenkarte achten – auf den Menschen! Denn er ist es, der die Brücke schlägt zwischen Produkt, Dienstleistung und dem Kunden. Durch ihn wird eine Firma fassbar, fühlbar. Ihm – Chef wie Mitarbeiter – kaufen wir etwas ab oder auch nicht. Und das hängt unter anderem davon ab, wie er sich präsentiert.

Deshalb: Packen Sie doch einfach die Chance der Selbstinszenierung bei den Hörnern. Machen Sie was daraus – aus sich! – und erfreuen Sie sich daran. Werden und bleiben Sie authentisch. Das macht Sie sympathisch, das weckt Vertrauen, das steigert Ihren Erfolg.

Input

Spieglein, Spieglein an der Wand: Entspricht Ihre Wirkung dem, was Sie heute vermitten wollen?

5. Gebot
VON HERZEN REDEN UND VERSTEHEN

Kommunikation mit Respekt

»Das haben Sie falsch verstanden« – »Aber Sie haben doch eben gesagt …« – »Nein, das habe ich so nicht gesagt.« Wir verbringen viel Zeit damit, etwas Gesagtes zu erklären, zu rechtfertigen oder wieder zurückzunehmen, auch und gerade im Business. »Ich hatte Ihnen doch schon zigmal gesagt, dass wir in dieser Projektphase doppelte Kontrollen einbauen müssen.« – »Wollen Sie jetzt vielleicht *mir* die Schuld in die Schuhe schieben, weil Partner X nicht pünktlich geliefert hat?« – »Aber das habe ich doch so gar nicht gemeint.« – »Doch, das haben Sie.« – »Nun seien Sie doch nicht so empfindlich.« – »Was heißt hier empfindlich, wenn ...« und so weiter und so fort. Manchmal noch Monate/Jahre später bekommen Kollegen oder Chef aufs Butterbrot geschmiert, was wann gesagt wurde.

Kein Zweifel: Worte wirken und bewirken – das ist eindeutig. Aber: Missverständnisse führen auch zu Missverhältnissen! Unabhängig davon, dass all das Zeit und Nerven kostet, dient es keineswegs dazu, die Sache voranzubringen. Ich nehme an, dass Sie dies so oder ähnlich auch aus Ihrer beruflichen Praxis kennen. Dieses Sprech-Ping-Pong – ich nenne es Pseudo-Kommunikation – ist inzwischen schon so an der Tagesordnung in Firmen und Geschäftskontakten, dass es kaum noch auffällt und munter weiter im selben Muster verfahren wird.

Es ist immer wieder erstaunlich, dass die meisten Unternehmen für ihre Führungskräfte und Mitarbeiter Kommunikationsseminare buchen, die ihren Schwerpunkt auf Technik und Rhetorik, Einwand-Training, Konfliktführung etc. legen und sich wundern, warum im Berufsalltag trotzdem so viel schiefläuft. Die Erklärung dafür ist ganz einfach: Es wird der zweite Schritt vor dem ersten getan! Was ich damit meine? Techniken zu lernen, kann hilfreich sein. Aber sie werden nicht funktionieren, wenn die Basis der Kommunikation vernachlässigt wird, denn die heißt: Wir müssen verstehen lernen, was passiert, *bevor* wir reden. Provokant ausgedrückt: Es ist nicht so wichtig, *was* wir sagen, sondern *wie* wir es sagen. »Der Ton macht die Musik«, weiß ein Sprichwort, und da ist viel Wahres dran. Kommunikation findet demnach zuallererst auf der Beziehungsebene statt. Wen wir nicht mögen, dem hören wir auch nicht gerne zu, gehen ungern Kompromisse mit ihm ein, beharren auf unserem Recht. Und schon kommen die Probleme in Gang …

Das 5. Gebot macht Sie mit einem anderen, extrem wichtigen Ansatz vertraut: Sie intensivieren die Fähigkeit, mit dem 3. Ohr zu hören. Und das geht so: Das sogenannte 3. Ohr sperrt seine Muschel weit auf für Ihre Grundstimmung, die immerzu mitschwingt. Doch dies wird bei den allgemein herrschenden Kommunikationsregeln kaum berücksichtigt. Der Fokus in Unternehmen (und auch in Universitäten, Fachhochschulen, Berufsschulen) liegt noch immer vornehmlich auf der Fachkompetenz. So weit, so gut. Aber was nützt die ganze Kompetenz, wenn man zwischenmenschlich nicht weiterkommt?

Bei Problemen sollten wir deshalb genau hinschauen: Sind es fachliche oder solche auf der menschlichen Ebene? Fakt ist: Bei fast allen Kommunikationsproblemen handelt es sich in Wahrheit um Beziehungsprobleme. Wenn A und B sich unterhalten, entsteht ein energetischer Prozess, der manch gewohnte Logik auf den Kopf stellt: Für eine gelungene Kommunikation reicht es nicht aus, sich inhaltlich gut vorzubereiten, kluge Worte zu wählen und überzeugend zu argumentieren – für eine gelungene Kommunikation kommt es ganz entscheidend darauf an, die *richtige Wellenlänge* zu finden! Und genau das ist der *erste Schritt*.

Wir kommunizieren ununterbrochen über unser gesamtes Verhalten, ob bewusst oder unbewusst. Reden, Schweigen, ein Blickkontakt, ein Lächeln, aber auch ein Übersehen, ein Augendrehen, ein Seufzer oder Achselzucken, eine Umarmung, ein Schulterklopfen und vieles mehr. All das hat eine Wirkung – sie bewirkt also bei unseren Mitmenschen etwas. Wie wir im 4. Gebot beim ersten Eindruck bereits sahen, entsteht eine Beziehung zum anderen auf der unbewussten Ebene – und zwar längst, bevor die ersten Worte fallen. Flugs haben wir die Fährte aufgenommen und unser Verhalten unbewusst darauf programmiert: »Na, ob dieser Schaumschläger wirklich Geld genug für den Kauf hat?«, oder: »Oh nein, mit Frau Y bekomme ich jetzt die größte Nervensäge ins Projekt.«

Und hier naht schon die Kommunikationsfalle: Wenn Sie eine schlechte Meinung über jemanden haben, tun Sie vielleicht häufig trotzdem nett und freundlich, denken sich aber Ihren Teil. Doch was Sie denken, schwingt immer mit und erreicht unbewusst auch den anderen. Folgerichtig entsteht eine zwiespältige Botschaft – und augenblicklich knirscht der Sand im Kommunikationsgetriebe.

Und nun? Sollen Sie denn wirklich die Wahrheit sagen? Ja, aber nicht so, wie Sie nun vielleicht meinen (»Herr X, Sie Wichtigtuer können sich diesen Wagen bestimmt nicht leisten!«). Viel lohnender ist es, zunächst im eigenen Innern aufzuräumen mit Vorurteilen, Abneigungen, Ängsten, Ärger, Stolz, Neid etc. Dann nämlich gelingt es, einen gesunden Abstand zum anderen bzw. zum Geschehen zu bekommen und Toleranz zu entwickeln. Auf diese Weise können Sie sich eher mit Ihrem Gegenüber menschlich verstehen und sachlich kontrovers beraten/diskutieren.

Viele von uns sind jedoch gut trainiert worden auf eine andere Art der »Verständigung«, weil sie meinen, taktieren zu müssen. Wir reden so und denken anders, tragen also Masken. Meist besitzen wir sogar ein ganzes Arsenal davon – für jede Gelegenheit eine andere, perfekt passend zum Anlass. Und das klappt meist ganz gut. Der Maskenball ist zur lieben Gewohnheit geworden – auf allen Fluren, Büros, an Konferenztischen, auf Messen, in den Läden, im Verkaufsgespräch, am Telefon, bei Verhandlungen. It's showtime!

Warum also sollten Sie etwas daran ändern, sich möglicherweise auf dieses 5. Gebot einlassen, wenn der eingeübte Weg (scheinbar) doch ganz gut funktioniert? Die Antwort lautet: Es gilt hinzuschauen, welchen Preis Sie für eine solche Art der Kommunikation zahlen. Wenn Sie ehrlich sind mit sich, dann werden Sie über kurz oder lang feststellen: Kommunizieren Sie so wie beschrieben, läuft alles zwar wie gewohnt, aber letztlich doch nicht rund und irgendwann ins Leere, weil es aufgesetzt ist. Außerdem schadet es der Gesundheit: Denn neurologisch ist bereits bewiesen, dass Kommunikation nach außen gleichzeitig auch eine Resonanz zum eigenen Innern und zum Körper hat. Das heißt: Wie wir zu anderen sprechen, was wir über sie denken und sagen, denken und sagen wir auch über uns selbst (das gilt übrigens ebenfalls für das allgemein beliebte Lästern!).

Wir sehen: Das Aufgesetztsein hat einen Preis, selbst wenn es ums Lächeln geht und ums Nettsein: In einer Studie des Arbeits- und Organisationspsychologen Prof. Dieter Zapf von der *Johann-Wolfgang-Goethe-Universität* in Frankfurt festgestellt, dass zum Beispiel beruflich verordnetes Dauerlächeln krank macht. Nett sein wider Willen ist demnach Stress pur, wenn zwischendurch nicht die Möglichkeit besteht, seinen Gefühlen freien Lauf zu lassen. (dpa in: *Die Welt* online v. 13.5.2008) Das heißt aber auch: Show darf sein, aber sie wird authentischer, wenn wir zwischendurch »in die Kulisse« verschwinden können, um aufzutanken. Wer sich selbst als Mensch nicht verliert, kann es sich leisten, aus eigenem Antrieb nett zu sein, und wird umso leichter zulassen können, dass es in der Show (in der Verhandlung, im Verkaufsgespräch) menschelt. Erinnern Sie sich: *Der Mensch macht den Unterschied, immer und überall!*

Ja, auch das ist eine Wahrheit: Nett sein kann richtig nett sein, sofern es von Herzen kommt. Sie können/dürfen nett sein, ohne sich zu verbiegen, und gleichzeitig bei Ihrer Meinung bleiben. Mit etwas Übung lässt sich diese Haltung binnen Sekunden erreichen. Sie schaffen das mühelos bis zum Ende des 5. Gebots …

> *»Das beste Mittel, um sich kennenzulernen, ist der Versuch, andere zu verstehen.«*
>
> André Gide

Zwei Welten treffen aufeinander

Wir alle kennen das: Mit dem einen Menschen gelingt es ganz leicht, eine Wellenlänge zu finden, mit anderen geht's nur mühsam. Das ist nicht verwunderlich. Jeder hat seine eigene Sicht auf die Wirklichkeit, und aus dieser Sicht argumentiert er. Jeder bringt seine persönlichen Erfahrungen und die dadurch entstandenen Glaubenssätze mit ein. Die individuelle Ausdrucksweise eines Menschen steht in direktem Zusammenhang mit tiefen Prägungen und seiner Lebensgeschichte. Mit jedem Wort sind Erinnerungen und Gefühle gespeichert, die bei sämtlichen

Äußerungen mitschwingen. Und natürlich können sie die ursprünglich beabsichtigte Botschaft verändern oder belasten.

Während der eine zum Beispiel das Wort »Egoist« als Kompliment annimmt, ist der andere beleidigt oder betroffen (siehe auch das 2. Gebot). Wie Wörter und Gesten bei anderen interpretiert werden, können wir nicht beeinflussen. Was wir aber wunderbar beeinflussen können, ist unsere Art, innerlich und verbal klar zu sein und sehr wach wahrzunehmen, wie das Gesagte beim anderen ankommt (siehe auch Körpersprache, Seite 70).

Mit Menschen zu kommunizieren, die ähnlich ticken wie wir selbst, fällt uns leicht und macht viel Freude – wir schätzen den anderen von Vornherein als sympathisch und intelligent ein. Hier brauchen wir keine Regeln der Kommunikation zu beherrschen. Menschen, die sich mögen, können gut miteinander reden. Da lässt sich in Konferenzen schneller ein Konsens finden, da wird die Verhandlung bei einem Geschäftsessen fortgesetzt, da gibt der Golfball den richtigen Kick für einen erfolgreichen Kaufabschluss … Es ist also nicht verwunderlich, dass wir lieber mit Menschen zusammen sind, die unsere Sicht der Dinge bestätigen. Die richtige Wellenlänge scheint also ein wesentlicher Sympathieträger zu sein.

Gut einerseits, schade andererseits – denn zu lernen gibt es mehr, wenn wir in Sichtweisen eintauchen, die uns bis dato fremd sind. Statt sich daran zu erfreuen, einmal eine neue Sicht auf die Dinge zu bekommen, lehnen viele dies ab, und die Kommunikation gestaltet sich konfliktgeladener. Solange jeder denkt, er habe die allein seligmachende Wahrheit gepachtet und seine Sicht der Dinge sei die einzig richtige, sind Machtkämpfe oder Flucht vorprogrammiert (»Die Sitzung wird vertagt.«). Hier gilt es Brücken zu bauen! Ich empfehle Ihnen daher, sich offen anderen Sichtweisen zuzuwenden. Der Versuch, zu verstehen und zu tolerieren, heißt nicht, seinen Standpunkt zu verlieren, sondern zu wachsen.

Schon Albert Einstein erkannte, dass es nicht möglich ist, Probleme auf derselben Ebene zu lösen, auf der sie entstanden sind. Ein Problem, egal welcher Natur, lässt sich nicht mit derselben Art zu denken lösen, mit welcher man das Problem verursacht hat. Er schrieb, dass es nötig sei, sich auf ein höheres »Denkniveau« zu erheben, um ein Problem lösen zu können.

»Man darf sarkastisch feststellen, dass der Mensch inzwischen die Distanz zum Mond überwunden hat, er aber immer noch daran scheitert, die Distanz zu seinen Mitmenschen zu reduzieren.« Joseph Rattner

Machen Sie mit?

Ich schicke Sie nun gleich aufs muntere Kommunikations-Spielfeld der Champions-League, was bedeutet: *Sprechen Sie in der Ich-Botschaft*, und zwar vor allem dann, wenn es bei geschäftlichen Besprechungen besonders kontrovers zugeht! Sie werden sehen, es verändert sich dadurch einiges …

Zu Anfang dieses Buches habe ich erwähnt, dass das Business-Leben viel leichter und erfolgreicher verläuft, wenn das Prinzip des *Ich-Du-Wir* beherzigt wird (siehe das 1. Gebot, S. 25). Beim Kommunizieren werden wir geradezu mit der Nase auf dieses Prinzip gestoßen und erleben seine positive Wirkung sofort, sofern wir es anwenden. Mit der Ich-Botschaft sprechen Sie von Ihrer Meinung, von Ihren Einschätzungen, von Ihren Gefühlen zu etwas und übernehmen somit auch die Verantwortung für Ihre Sicht der Dinge.

Ganz anders bei der Du- bzw. Sie-Botschaft: »Immer müssen Sie mich unterbrechen!«, oder: »Ihretwegen stecke ich jetzt in diesen Lieferschwierigkeiten, nie sind Sie pünktlich!« Wer so redet und das vielleicht noch unterstreicht mit gestrecktem Zeigefinger (Rechthabefinger), ist nicht gesprächsbereit, sondern auf Krawall gebürstet. Werden diese »Killerphrasen« dann noch mit Wörtern wie »immer« oder »nie« garniert, geht die Post so richtig ab. Wie würden Sie sich fühlen, wenn Sie solche Sätze hören? Wären Sie dann noch kontaktbereit oder machen Sie innerlich zu? Kein Wunder, dass durch barsche Äußerungen beim Gegenüber erst recht Widerstand, Aggression und Gegenangriff geweckt werden.

Was Ihnen hier vielleicht überzogen erscheint, können Sie im Alltag leicht überprüfen. Ich bin sicher, dass Sie mehrfach fündig werden. Das Kuriose: Die meisten Menschen sind sich gar nicht bewusst über diesen merkwürdigen Kommunikationsstil. Andere wiederum finden ihn als Machtinstrument sogar besonders cool und sind mächtig stolz darauf. Aber worauf denn eigentlich? Weil nun die Verständigung blockiert ist und rundum Frust herrscht? Seltsam – Stau auf der Autobahn mag ja auch keiner.

Wie entlastend und förderlich sind hingegen Sätze mit Ich-Botschaften: »Ich wünsche mir, dass Sie mich ausreden lassen, sonst verliere ich den roten Faden, und das ärgert mich.« Auf diese Weise bleibt die Kommunikation in Gang, und der andere hat die Möglichkeit, konstruktiv zu reagieren. Durch Ich-Botschaften bekommen Sie freie Fahrt. Sie ebnen so den Weg für eine fruchtbare Kommunikation, in der keiner verliert (und beide gewinnen). Gewiss: Es gehört Mut und Sicherheit dazu, Ich-Botschaften zu senden, denn dadurch werden persönliche Empfindungen preisgegeben. Wenn Sie riskieren, jenseits der allgemein üblichen Kommunikationsformen zu agieren, sich auf einen fließenden Prozess einzulassen, entsteht jedoch eine

Atmosphäre der Offenheit, Vertrautheit und eine echte menschliche Beziehung. Und dass dies unmittelbar und auch auf längere Sicht erfolgreich ist, versteht sich von selbst.

Tatsächlich ist das keine wirkliche Überraschung, denn wenn Kommunikation so verläuft, bewegt sie sich vor dem Hintergrund der ihr gegebenen Seinsform: Werfen wir nämlich einen Blick ins Lateinische, entdecken wir dort das ursprüngliche Wort *communis* = gemeinsam. Kommunikation können wir also sinngemäß als »Gemeinschaft gestalten« verstehen oder als »Sich gemeinsam um eine Verständigung bemühen«.

Die Herausforderung für uns ist demnach immer wieder diese Gemeinsamkeit: Denn überall, wo Gemeinschaft entsteht, sind viele Individuen in Kontakt, von denen jeder seine eigene Geschichte mitbringt: Selbstbewusstsein, Machtanspruch, Konkurrenzdenken, Neid, Wunsch nach Anerkennung, Selbstzweifel, Ängste, Minderwertigkeitsgefühle, und und und. Machen Sie sich doch einfach auf ins Abenteuer und entdecken Sie im Gegenüber den ihm ureigenen Kosmos! Das ist und bleibt einfach spannend! Den/die anderen in seiner/ihrer Welt zu respektieren, ist nicht nur solides Brückenbauen im manchmal schwierigen Business-Alltag. Es kann auch die Initialzündung sein für ein kreatives, partnerschaftliches Miteinander in kostbarer Wertschätzung.

Wetten, dass Ihnen ein solcher Kontakt zu Kollegen, zum Vorgesetzten, zu Geschäftspartnern richtig Spaß machen wird? Noch dazu ist diese Kommunikationsform verlässlicher als alles andere, denn wie man in den Wald hineinruft, so schallt es heraus. So einfach ist das. Aber – leider immer noch nicht gängige Praxis.

Ich habe inzwischen über zwanzig Jahre Erfahrung in Business-Coachings und -Seminaren, und nach meiner Beobachtung verhält es sich beispielsweise so, dass mindestens 80% der Menschen, die in ein Meeting gehen, schon vorher keine Lust dazu haben, das Treffen für sinnlos halten, es als Zeitverschwendung erleben und deshalb noch frustrierter wieder herauskommen als sie hineingegangen sind. Meist sprechen in solchen Meetings dieselben Leute immer dasselbe, und diejenigen, die es vielleicht besser wissen, trauen sich gar nicht, den Mund aufzumachen. Auch ist es oft an der Tagesordnung, dass jemand respektlos unterbrochen wird und ausgiebig die Fehler der Vergangenheit erörtert werden (siehe auch das 6. Gebot, S. 114). Kommt Ihnen das bekannt vor? Und: Haben Sie dafür Zeit und Nerven? Wenn nein, ändern Sie es. Mit den *7 Business-Geboten* haben Sie dafür ein machtvolles Werkzeug in der Hand.

> *»Wenn jemand ein Problem erkannt hat und nichts zur Lösung beiträgt, ist er selbst ein Teil des Problems.«* Indianisches Sprichwort

Es ist meist mehr möglich, als wir denken. Viele von den Unternehmen, die von mir trainiert wurden, sind mit den Inhalten der in diesem Buch vorgestellten *7 Business-Gebote* bereits erfolgreich unterwegs. Zum Thema Kommunikation haben wir dabei unter anderem ein »Beziehungskonto« eröffnet, welches Stephen R. Covey in seinem Buch *Die 7 Wege zur Effektivität* (siehe Literatur) ausgezeichnet beschreibt. In Bezug auf das Geschäftsleben bedeutet dies, dass wir fortwährend mit Kollegen, den Chefs, mit Kunden usw. in Beziehung stehen. Und diese Beziehungen müssen wie ein Konto sorgfältig gepflegt werden. Im Idealfall zahlt man auf solch ein Konto mehr ein als abgehoben wird.

Eine der wichtigsten Einzahlungen ist die *Anerkennung* (die komplette Soll- und Habenseite siehe Kasten). Wird regelmäßig eingezahlt, so entstehen Reserven. Covey bezeichnet dies als »Vertrauensreserve« – für Beziehungen unerlässlich. Ist das Vertrauens-Guthaben hoch, verläuft die Kommunikation reibungslos, und wir lassen schon mal fünfe gerade sein. Ist das Guthaben niedrig oder das Konto gar im Soll, wird schnell jedes Wort auf die Goldwaage gelegt, was zum Auf-der-Hut-Sein sowie zu Streit und Rechthaberei führt. Es lohnt sich also, das Konto immer deutlich im Plus zu halten, denn ein Minus ist anstrengend – und außerdem sind die Überziehungszinsen viel zu hoch …

Abhebungen	Einzahlungen
Vor anderen kritisieren	Anerkennung aussprechen
Retourkutschen	Aufrichtigkeit
Unzuverlässigkeit	Zuverlässigkeit
Du-Botschaften	Ich-Botschaften
Launenhaftigkeit	Klare Zielvorgabe
Auf seinem Recht beharren	Verständnis zeigen
Intoleranz	Toleranz

Darüber hinaus führe ich in vielen Unternehmen für eine gelungene Kommunikation gern klare Regeln ein (für Chefs und Mitarbeiter), beispielsweise: *Ausreden lassen – Alle haben die gleiche Redezeit – Fehler machen dürfen – Kein »Ja, aber« – In Ich-Botschaften reden* usw. Bei Regelverletzung werden firmenintern in Anlehnung an den Sport gelbe und rote Karten verteilt – und zwar nicht als Strafe, sondern zur Selbstkontrolle und Motivation. Eine andere Regel lautet *90:10*. Das bedeutet: 10% der Zeit wird über Fehler und Probleme gesprochen: kurz, klar und fokussiert; 90% der Zeit wird den Lösungen gewidmet. Was wurde aus den Fehlern gelernt, welche Stärken, Potenziale gefunden?

Außerdem wird der *Bockmist des Monats* gekürt, damit sich Menschen auch mal trauen, Fehler zu machen. Es wird generell mehr Wertschätzung als Geringschätzung vermittelt. Und allein das verändert Welten. Es verändert die Stimmung und den Umsatz. Die Menschen kommen fröhlicher aus den Meetings und gehen motivierter an ihren Arbeitsplatz. »Zu einfach«, denken Sie? Probieren Sie es selbst aus! Das Leben ist einfach. Was Sie säen, das ernten Sie!

Im Folgenden gebe ich Ihnen einige kraftvolle Tipps, die Ihnen deutlich mehr Energie und Zeit schenken:

1. Verschaffen Sie sich Gehör, reden Sie den anderen mit dem Namen an und gehen Sie in Augenkontakt.

Studien zufolge nehmen wir in der Kommunikation mit anderen inhaltlich nur ungefähr 11% des Inhalts auf. Diese 11% sollten dann aber auch optimal rüberkommen! Timing und Fokussierung sind hier die wesentlichen Stichworte. Es hat also keinen Sinn, gleich draufloszureden, ohne sich vergewissert zu haben, ob der andere in seiner Aufmerksamkeit auch wirklich bei Ihnen ist. – Und was die direkte Anrede angeht: »He, Schulz, hören Sie mal«, ist sicher weniger respektvoll als: »Herr Schulz, ich habe eine Bitte an Sie.« – Gehen Sie dann in Blickkontakt, am besten mit einem Lächeln im Auge. Sobald Ihr Gesprächspartner reagiert, steigert dies erheblich Ihre Chance, genügend Aufmerksamkeit zu bekommen und gehört zu werden.

2. Vermeiden Sie Negationen

Negationen sind eines der Hauptprobleme in der Kommunikation, das heißt: Unser Gehirn kann NICHT nicht aufnehmen, hört also das Gegenteil von dem, was Sie wollen: »Vergessen Sie *nicht*, die Unterlagen mitzubringen.« Höchstwahrscheinlich werden sie vergessen, und dafür gibt es dann auch noch einen Rüffel. Warum eigentlich? Denn das Gehirn hat ja gehört: »Vergessen Sie, die Unterlagen mitzubringen.« (Siehe S. 52)

3. Man, man, man!

Viele Menschen kommen in ihren Sätzen gar nicht mehr selbst vor. Nicht nur bei Politikern, sondern auch im Business ist das sehr beliebt: »Man hat ja schließlich seine Erfahrungen mit dieser Vorgehensweise«, statt: »Ich habe in letzter Zeit genügend Erfahrung in dieser Sache sammeln können.« Eine »man«-Aussage ist wirkungslos, noch dazu verrät sie Inkompetenz und Unsicherheit.

4. Ach, bitte …

Seien Sie sich klar über das, was Sie wirklich wollen. Denn die Äußerung einer Bitte ist mitunter ganz schön verzwickt. Wenn Sie beispielsweise freundlich, aber unklar etwas als Bitte formulieren, dahinter aber eine knallharte Erwartung haben, kann das schiefgehen: »Es wäre schön, wenn Sie heute eventuell etwas länger bleiben könnten, bis die Präsentation fertig ist.« Bei einer solch verwaschenen Äußerung laden Sie unter Umständen auch ein Nein ein und dürften darüber noch nicht einmal sauer sein. Machen Sie sich klar: Die innere Haltung beim Äußern einer Bitte ist entscheidend über Erfolg oder Misserfolg. Eine Bitte sollte unmissverständlich sein und die Dringlichkeit der Angelegenheit betonen: »Ich bitte Sie, die Präsentation heute noch fertigzustellen, denn davon hängt morgen früh die Auftragsvergabe vom Kunden X ab! Danke für Ihre Hilfe.«

Diese Tipps zeigen: Schon mit einfachen Veränderungen an der Stellschraube können die Weichen neu gestellt werden. Und die Fahrtroute wird danach mit Sicherheit anders verlaufen: effektiver, entspannter, freudvoller. Wenn Sie einmal den Grundlagen für eine Kommunikation mit Herzensbildung auf die Spur gekommen sind, tun sich immer neue Türen auf.

Plötzlich achten Sie beispielsweise auf Formulierungen wie »ich muss« oder »Sie müssen«, denn wie viel Freiwilligkeit wird darin wohl liegen? Das »Muss« weckt außerdem Widerstand – in sich selbst und auch beim Kollegen, beim Mitarbeiter, beim Kunden. Es ist ein Unterschied zu sagen: »Ich muss extra im Lager nachsehen, ob noch ein Exemplar da ist«, oder: »Ich gehe gern mal für Sie ins Lager und sehe nach.« Der Kunde wird sich wohler fühlen – es entsteht ein Mehrgewinn an Aufmerksamkeit und Respekt.

Das Arbeitsleben wird außerdem viel leichter, weil Sie »Kampfansagen« vermeiden, wenn Sie nicht kämpfen wollen. Achten Sie mal darauf – kämpferische Ausdrucksweisen sind nämlich inzwischen (meist unbewusst) an der Tagesordnung: Wir würgen jemanden am Telefon ab, geben Schützenhilfe, werfen den Mitfahrer an der Ecke raus, stehen in der Schusslinie oder an vorderster Front, wir quetschen einen Termin dazwischen, wollen jemanden auf etwas festnageln, spannen den Verhandlungspartner auf die Folter, setzen eine Deadline, geben Rat- und Vorschläge, und so weiter und so fort. Alle diese Worte haben Energie – und Sie wissen schon, wohin sie führt … jedenfalls nicht zum Frieden.

Zwei Ohren und ein Mund

Hier kommen wir zu einem weiteren Hemmschuh für gelungene Kommunikation – *wer Luft holt, hat verloren.* Was heißt: Viele Menschen können nicht wirklich zuhören und nutzen jede Gelegenheit, um mit ihrer eigenen Geschichte in die des anderen hineinzugrätschen. Wer kennt das nicht: Kaum erzählen Sie von Ihrem Anliegen, Ihren Befürchtungen, Sorgen etc. und holen einmal tief Luft – zack, ist schon der andere dran, nimmt freudig Ihr Stichwort auf, nutzt seinen Vorteil und erzählt nun seine Geschichte, seine Idee, seine Anregungen zum Projekt etc. Und Sie sitzen da im Meeting und denken: »Na super ... jetzt sahnt der die ganze Aufmerksamkeit ab!«

Bei den meisten verursacht dies ein Gefühl von Kränkung oder sorgt für innerlichen Wutaufbau: »Ich bin eben nicht interessant genug«, oder: »Eine Unverschämtheit ist das mit diesem Kerl ... na, das kriegt er zurück, man sieht sich immer zweimal«, und so weiter. Auf der Beziehungsebene macht dieses respektlose Kommunikationsverhalten unter Umständen eine Menge kaputt. Je selbstbewusster jemand ist, desto souveräner geht er mit solchen Situationen um: a) holt sich seine Geschichte sofort zurück oder b) lässt den anderen erst mal reden.

Aber auch Sie werden vielleicht den Impuls kennen, Ihren »Senf« dazuzugeben. Daran ist erst einmal nichts falsch, es kommt auf die Situation und auf das Thema an. Wichtig jedoch ist in solchen Momenten stets: Fühlen Sie in sich hinein, um herauszufinden, was jetzt stimmig ist – für Sie und für den anderen. Für diesen Schritt sind wiederum Bewusstsein und Klarheit gute Berater. Was ist so schlimm daran zu warten, bis der Kollege/die Kollegin im Meeting zu Ende gesprochen hat? Sie können sich danach jederzeit selbst Gehör verschaffen – oder etwa nicht? Nein? Nun, dann empfehle ich, das Hineingrätschen nochmals unter die Lupe zu nehmen ...

Wer ehrlich ist mit sich, kann die Dinge immer zum Besseren wenden. Das gilt auch für Besprechungen unter vier Augen: Wenn es Ihnen wichtig ist, dem anderen etwas zu erzählen, dann bitten Sie um Zeit und sagen Sie dem anderen vorab, ob Sie seine Meinung zu einer Sache hören wollen oder ob Sie einfach sein Ohr brauchen. Aber Achtung: Fragen Sie den anderen nur nach seiner Meinung, wenn Sie sie auch hören wollen.

Und umgekehrt gilt: Wenn jemand Ihnen etwas erzählen möchte und einfach drauflosredet, dann prüfen Sie gut, ob dies für Sie gerade der richtige Zeitpunkt ist oder nicht. Sind Sie gerade zu vollgepackt, geben Sie dem anderen lieber für später einen Termin, damit Sie den Kopf auch wirklich frei haben und nicht einfach nur nicken, im Grunde aber nur halb hinhören. Dasselbe gilt auch für Telefonate. Der Gesprächspartner am anderen Ende der Leitung hört nämlich, wenn Sie nur vorgeben zuzuhören, aber nebenher Unterlagen sortieren und die Computertastatur bearbeiten! Dieser Kommunikationsstil ist im höchsten Grade respektlos.

Ganz generell erschreckt es mich, wie geringschätzig in Firmen kommuniziert wird – oft besonders seitens der Führungskräfte! –, sich aber die Verantwortlichen gleichzeitig über schlechte Ergebnisse ärgern und aufregen: Dennoch wird beispielsweise während eines Mitarbeitergesprächs aufs Handy geschaut und werden nebenher per BlackBerry die Mails gecheckt mit einem: »Ja, ja reden Sie nur weiter, ich höre Ihnen zu.« Was, bitte schön, soll dabei herauskommen? Kein Wunder, dass so mancher Mitarbeiter auf diese Weise demotiviert wird, dabei ist das Gespräch eine großartige Möglichkeit, zu motivieren! Wer solche Chancen verstreichen lässt, hat viel hinzuzulernen (siehe auch das 6. Gebot, S. 114 f.). Denn mit einem solchen Verhalten wird wertvolle Zeit verschwendet, die keiner hat. Die Projekte, die Belange, die Themen gehen nicht voran. Das kann sich doch nun wirklich kein Unternehmen leisten!

Eine problematische und manchmal sogar perfide Art ist auch die heutige Kommunikation über Mail. So praktisch und unentbehrlich dieses Medium vor allem im Geschäftsleben für uns alle geworden ist: In den Mails geht oft sehr viel verloren vom respektvollen Umgang miteinander, und zwar durch die Schnelligkeit, durch die grassierenden Abkürzungen im Stakkato-Stil (die »vorsintflutliche« Telegramm-Sprache war dagegen ein literarischer Leckerbissen), durch das inflationäre Hin und Her (jeder Gedanke wird kommentiert und gleich wieder losgeschickt), durch die »Kampf-Mails«, in denen alle möglichen Leute in cc gesetzt werden, obwohl eine Sache vielleicht zunächst nur unter zwei Leuten hätte geklärt werden können.

Wozu der ganze Aufwand? Es könnte alles viel leichter sein. Und viel einfacher. Das Simpelste, aber Wirkungsvollste von allem ist: *Machen Sie den anderen größer*! (Gleichzeitig gewinnen übrigens auch Sie dabei an Größe …) Selbst Kritikgespräche oder sogar Kündigungen lassen sich so respektvoll gestalten, dass der andere seine Achtung behält. Kaum zu glauben? Sie brauchen es nicht zu glauben, sondern einfach nur zu tun!

Jeder kann – unabhängig von Mentalität oder Tagesstimmung – seinen Beitrag für menschlichere Kommunikation im Business leisten. Mit ein bisschen Fingerspitzengefühl, mit wacher, möglichst wertfreier Beobachtungsgabe entstehen Empathie, Toleranz und Menschenkenntnis. Eine Wohltat im hektischen Berufsleben, die in jedem Fall – davon bin ich überzeugt – *alle* weiterbringt.

»Wir müssen das, was wir denken, auch sagen.
Wir müssen das, was wir sagen, auch tun.
Wir müssen das, was wir tun, auch sein.«

Alfred Herrhausen

Mit gelungener Kommunikation halten Sie einen Zauberschlüssel in der Hand, der Ihnen viele Türen öffnen wird. Mit ihm gelangen Sie mühelos vom besagten *Ich zum Du zum Wir*. Das 5. Gebot hat Ihnen gezeigt, wie Sie im Berufsalltag anders kommunizieren können: ehrlicher, respektvoller, effektiver und letztlich gewinnbringender für alle Beteiligten. Um es nochmals zu betonen: In unserer modernen Business-Welt sind nicht nur Kompetenz und Belastbarkeit gefragt, sondern vor allem die Fähigkeit, tatsächlich von Mensch zu Mensch zu kommunizieren. Verzichten Sie also fortan auf Geplänkel und entscheiden Sie sich für eine intelligente Kommunikation mit Herzensbildung. Wohin Ihr Weg Sie auch führen mag – wahrhaftige Kommunikation wird Sie weiterbringen, Sie selbst und die Firma. Dazu mehr im 6. Gebot.

Input

Nehmen Sie das NICHT aus Ihren Gedanken und Sätzen und formulieren Sie ab jetzt das, was Sie *wollen*.

6. Gebot
EIN GUTES UNTERNEHMEN BRAUCHT EIN GUTES WIR

Menschlichkeit und Wirtschaftlichkeit gehören zusammen

Ein gutes Wir. Das wünscht sich jedes Unternehmen – vom Zwei-Mann-Betrieb bis hin zu Konzernen mit sechsstelligen Mitarbeiter-Zahlen und mehr. Und selbst die Ich-AG kommt ohne ein gutes Wir nicht aus – zu den Geschäftspartnern, Interessenten, Kunden. Ein gutes Wir – das schreibt sich jedes Unternehmen gern auf seine Fahnen, das poliert die Firmenphilosophie auf Hochglanz, das lässt sich gut verkaufen. Soweit die Theorie. Menschen, die dieses Wir verkörpern, müssten sich doch eigentlich jeden Tag aufs Neue begeistert auf ihre Arbeit stürzen und glücklich sein, ihren Anteil am Wir-Gefühl beizutragen und es für immer neue Höhenflüge fitzumachen. Doch wie sieht die Praxis wirklich aus? Schauen wir der arbeitenden Bevölkerung einmal über die Schulter:

Um es gleich vorweg zu sagen: Ausnahmen bestätigen natürlich immer die Regel – aber in der Regel gibt es derzeit eben nichts Erbauliches zu berichten: Das große Schlagwort »Menschlichkeit« oder »Humankapital« ist in aller Munde und ausgesprochen »in«. Die Begeisterung von Unternehmen über ihre Mitarbeiter kennt auf den ersten Blick kaum (rhetorische!) Grenzen. Schaut man jedoch genauer hin, ist der Mensch als

Angestellter häufig bloßes Ding und nur Funktion. Er wird *integriert, eingestuft, ausgegliedert oder abgebaut*. Ist er nun Mensch oder eine Sache? Die allseits beliebte Parole lautet: »Der Mitarbeiter steht im Mittelpunkt.« Doch was wird meistens gelebt? »Der Mensch ist Mittel. – Punkt!« Viele Firmenangehörige erleben sich demzufolge als Rädchen im Getriebe einer anonymen Maschinerie. Die Folgen? Zunehmende Sinnkrise beim Einzelnen, Mangel an Motivation und sinkende Produktivität!

Engagement und Motivation bei Mitarbeitern im Sinkflug

- 13% weisen eine hohe emotionale Bindung an ihr Unternehmen auf und sind motiviert, jeden Tag Spitzenleistungen zu erbringen.
- 66% haben eine nur geringe emotionale Bindung an ihre Firma, empfinden keine echte Verpflichtung ihrer Aufgabe gegenüber und machen Dienst nach Vorschrift.
- 21% agieren ganz bewusst gegen das Leistungsprinzip, haben also innerlich gekündigt.

(Quelle: *Gallup Deutschland* 2011)

Hand aufs Herz: Wie oft hören Sie fröhliches Gelächter auf den Gängen? Arbeiten Sie in und mit einem Team, das an einem Strang zieht? Oder erleben Sie meist das Gegenteil: hektischgetriebene oder aber schleppende Schritte, kaum ein Augenkontakt, kaum ein Gruß, eine angespannte Stimmung? Und wie kommen Mitarbeiter aus einer Teamsitzung heraus? Motiviert, optimistisch, die Ärmel hochkrempelnd? Oder hängen die Köpfe noch tiefer als vor der Sitzung? Wenn Letzteres der Fall ist: Wie effektiv wird es dann wohl im Büro weitergehen?

Was, um Himmels willen, ist heutzutage los in vielen Unternehmen? *Gallup*, das weltweit führende Beratungsunternehmen, offenbart in seinen jährlich erscheinenden Studien immer wieder erschreckende Zahlen über desinteressierte Mitarbeiter (siehe Kasten). Und die Zahlen derer, die sich überfordert und krank fühlen, steigen dramatisch an. Viele haben längst ihre Grenze überschritten und versuchen dennoch, irgendwie durchzuhalten.

Nach Auskunft der Krankenkassen nehmen auch Depressionen bei Berufstätigen immer mehr zu: Wie beispielsweise das *Wissenschaftliche Institut der Allgemeinen Ortskrankenkasse (AOK)* im Frühjahr 2011 in Berlin verlauten ließ, ergab eine Analyse der Krankmeldungen von mehr als 10 Millionen berufstätigen AOK-Versicherten, dass im Jahr 2010 jeder zehnte Fehltag auf psychische Erkrankungen zurückzuführen war. Wenn das so weitergeht, dann könnten Depressionen bis 2030 die wichtigste Ursache von Krankheitsbelastungen sein.

Wie kommt es zu solchen Entwicklungen? Ist es allein die Menge an Arbeit, die uns überlastet? Meiner langjährigen Erfahrung nach spielen häufig ganz andere Komponenten eine wichtige Rolle: Unklare Ziele, mangelnde Wertschätzung, unzureichende Kommunikation, zu wenig Sinnhaftigkeit des eigenen Tuns, Launenhaftigkeit von Kollegen und Vorgesetzten – also schlechte Stimmung, kein Vertrauen, keine Loyalität, nicht als Mensch gesehen und gehört werden. Wie soll jemand auf solch einem Nährboden wachsen? Jeder Gärtner und Landwirt weiß: Je besser der Boden bereitet ist, desto besser geht die Saat auf.

Und was tut das Unternehmen für einen guten Boden? Gewiss: Immer mehr Firmen stellen ihren Mitarbeitern während der Arbeitszeit sogar Coaches zur Verfügung, um beispielsweise einem Burnout vorzubeugen. Doch so lobenswert der Ansatz ist, so sehr stellt sich auch die Frage: Warum die Wirkung statt die Ursache angehen? Warum wird beispielsweise nicht der Führungsstil geändert? Dazu später mehr.

Was beklagen Mitarbeiter?

- Nur jeder fünfte Arbeitnehmer (19%) erklärt, dass für gute Arbeit Lob und Anerkennung ausgesprochen wird.
- Ebenso viele Beschäftigte (22%) bekunden, dass ihnen regelmäßiges Feedback über persönliche Fortschritte bei der Arbeit gegeben wird.
- Lediglich ein Viertel der Mitarbeiter (25%) fühlt sich bei der Arbeit mit einbezogen, weil nach ihrer Meinung und ihren Ansichten gefragt wird.
- Nur ein Drittel der Befragten (34%) gibt an, dass der Vorgesetzte für neue Vorschläge und Ideen offen ist.
- Lediglich drei von zehn Beschäftigten (31%) haben das Gefühl, dass bei der Arbeit das Interesse an ihnen als Mensch vorhanden ist.
- Nur 22% der Mitarbeiter geben an, dass es bei der Arbeit jemanden gibt, der sie in ihrer Entwicklung fördert.
- Nur jeder dritte Beschäftigte (32%) erklärt, dass er eine Position ausfüllt, die ihm wirklich hundertprozentig liegt.
- Drei von zehn Mitarbeiter (33%) geben an, dass ihr Vorgesetzter den Schwerpunkt auf die Stärken und positiven Eigenschaften legt.
- Gerade einmal jeder siebte Arbeitnehmer (14%) sagt, dass sein Vorgesetzter mit ihm ein gehaltvolles Gespräch über seine Stärken geführt hat.
- Nur jeder fünfte Beschäftigte (19%) bekundet, dass sein Vorgesetzter ihn dazu inspiriert hat, Dinge zu tun, die er sich zunächst nicht zugetraut hat.

Die Probleme sind hausgemacht. Denn die Ursachen für diese Mitarbeiter-Beschwerden lassen sich meist in der Führungsebene der Unternehmen finden. Fast die Hälfte aller emotional nicht an die Firma gebundenen Mitarbeiter würde ihren direkten Vorgesetzten umgehend entlassen, wenn sie die Möglichkeit dazu hätten. Doch das Ganze hat auch finanzielle Auswirkungen: Schätzungen zufolge entsteht durch diese Situation ein wirtschaftlicher Schaden von rund 121 Milliarden Euro. (Quelle: *Gallup Deutschland* 2011)

Als ob die geschilderten Zustände nicht schon problematisch genug sind, steht nun auch noch das Thema *Fachkräftemangel* mahnend vor der Tür. Hinzu kommt der gravierende *demografische Wandel*: Das Durchschnittsalter der Beschäftigten steigt ebenso wie die Anzahl der über 50-Jährigen. 2020 wird jeder dritte Arbeitsplatz mit einer Arbeitskraft besetzt sein, die über 50 Jahre alt ist. Ich bin immer wieder erstaunt, dass in vielen Firmenkonzepten diese Themen einfach ausgeblendet werden bzw. manche fast resignierend darauf reagieren.

Die Frage ist nur, wie lange sich Unternehmen das noch leisten können, statt aktiv zu werden?

Gehen Sie sorgsam mit der bereits erwähnten Parole »**Der Mitarbeiter steht im Mittelpunkt!**« um. Denn wer sie nur als Lippenbekenntnis in die Hochglanzbroschüren setzt, weil sie toll klingt, statt sie mit authentischen Inhalten zu füllen, muss sich nicht wundern, wenn er auf Dauer sowohl Kunden als auch Mitarbeiter verliert. Hier geht es darum, den Worthülsen ade zu sagen und tatsächlich *erlebbare* Veränderungen herbeizuführen! Es geht um Wahrhaftigkeit, um Ehrlichkeit und darum, endlich wieder Boden unter die Füße zu bekommen. Dazu gehört, dass Firmen sich nicht nur auf ihre Zahlen als die alles entscheidende Größe verlassen, sondern realisieren, dass dahinter *immer* Menschen und Produkte stehen.

Daran gibt es nichts zu deuteln: Gute Mitarbeiter sind ein knappes Gut – ganz gleich, in welcher Altersstufe. Daher wird eines der wichtigen Hauptthemen künftig sein, *Mitarbeiter an das Unternehmen zu binden* und nicht nur den wirtschaftlichen Erfolg im Auge zu haben. Marktführerschaft gewinnt in Zukunft nicht mehr der Größere, Schnellere, Günstigere oder Finanzstärkste – die neue Qualität, damit Mitarbeiter Spitzenleistungen erbringen, heißt Sinngebung.

Aspekte zur emotionalen Bindung an das Unternehmen (Gallup Q12®)

Seit dem Jahr 2001 erstellt *Gallup* jährlich unter anderem auf der Basis von zwölf Aussagen zum Arbeitsplatz und -umfeld, den sogenannten Q12®, den *Engagement Index für Deutschland.* Die Studie gibt Auskunft darüber, wie die zentralen Bedürfnisse und Erwartungen der Beschäftigten an ihrem Arbeitsplatz erfüllt werden. Dies ist wiederum für den Grad der emotionalen Bindung von Mitarbeitern und damit für das Engagement und die Motivation bei der Arbeit ausschlaggebend. Die Studie zeigt, dass sich die Produktivität von Unternehmen durch entsprechende Maßnahmen zur Steigerung der emotionalen Mitarbeiterbindung nachweisbar und erheblich verbessern lässt. Im Folgenden eine Zusammenfassung der wichtigsten Kriterien der Gallup Q12®:

Der Mitarbeiter

- weiß, was von ihm erwartet wird
- hat Materialien und Arbeitsmittel ausreichend zur Verfügung
- kann tun, was er am besten kann
- erhält Anerkennung
- wird als Mensch gesehen
- erhält Unterstützung
- weiß, dass seine Meinung zählt
- kann sich mit den Unternehmenszielen identifizieren
- sieht, dass sich seine Kollegen für Qualität engagieren
- hat einen guten Freund im Unternehmen
- sieht einen Fortschritt

(Quelle: *Gallup Deutschland* 2011)

Lassen Sie also den Worten Taten folgen und werden Sie in diesem Sinne als Arbeitgeber aktiv! Werben Sie um gute Mitarbeiter – nicht nur mit Gehaltsbedingungen und Unternehmensthesen. Entwickeln Sie individuelle Ideen, um eine stärkere Identifikation von Mitarbeitern mit den Unternehmenszielen zu erreichen. Pflegen Sie konsequent einen respektvollen, unterstützenden Umgang miteinander. Stellen Sie den so gelebten Wertewandel offen in den Vordergrund. Seien Sie stolz auf die praktizierte Menschlichkeit, die nicht nur den oft harten Businessalltag erträglicher macht, sondern durch die Sie – davon bin überzeugt – auch im allgemeinen Marktwettbewerb werden punkten können. Gutes spricht sich rum.

Verlassen Sie sich jedoch nicht nur auf allgemein gängige Weiterbildungen. Denn diese können durchaus ihre Tücken haben, wenn sie zu wenig den Menschen berücksichtigen.

Fachlich oder persönlich?

Für mich ist es immer wieder erstaunlich, dass die meisten Unternehmen eher ein großes Fortbildungsbudget für die fachliche Weiterbildung bereitstellen, statt in die persönliche Entwicklung ihrer Mitarbeiter zu investieren. Doch Probleme entstehen zum größten Teil auf der menschlichen Ebene, und nicht auf der fachlichen. Klar: Wir müssen gut sein in dem, was wir tun, und ständig daran arbeiten. Doch der Transporteur dieses Wissens ist der Mensch. Und wenn dieser den anderen nicht emotional erreicht, erreicht ihn auch nicht seine Fachkompetenz.

Besonders bei Hochschulabsolventen ist das ein immer wiederkehrendes Problem. Fachlich und theoretisch sind sie ganz weit vorn. Doch hat ihnen scheinbar niemand beigebracht oder sie zumindest nur ungenügend darauf vorbereitet, dass es mehr auf das WIE als auf das WAS ankommt. Sie verlassen hochmotiviert die Uni, können endlich loslegen – und stoßen sich erst einmal gehörig die Nase, weil ihnen die Erfahrung im menschlichen Miteinander fehlt. Die *Deutsche Industrie- und Handelskammer (DIHK)* beklagt, dass die meisten Studenten zwar theoretisch bestens ausgebildet, nicht aber ebenso für die berufliche Praxis vorbereitet werden. Die Forderung der Unternehmen für eine praxisnähere Ausbildung wurde von den Akademien bisher in den Wind geschlagen. Und so landen die Jungakademiker (oftmals mit enormer Selbstüberschätzung) unsanft im Berufsalltag: mit viel Fachbildung, aber zu wenig Herzensbildung und Menschenkenntnis. (Nach: Peter Hahne in der Kolumne *BILD am Sonntag* v. 23.1.2011)

Mangelnde menschliche Kompetenz jedoch kann sich sehr nachteilig – unter Umständen sogar irreparabel – auf den Umsatz auswirken! (Siehe auch das Beispiel auf S. 130 f..) Doch obwohl Firmen häufig die bestehende »Fachidiotie« beklagen, liegt ihr Fokus weiterhin sowohl in der Ausbildung also auch bei Beförderungen meist auf dem Fachlichen. Immer wieder aber beweist die Realität, dass es darum in erster Linie nicht geht. Und weiter dreht sich das Hamsterrad …

Begreifen wir endlich, dass die Reihenfolge eine andere sein sollte: *Zuerst die Menschen* für uns gewinnen – und sie erst dann für die Sache begeistern. Aber woran hapert es, wenn Mitarbeiter extrem unzufrieden sind? Die Ursachen können vielschichtig sein, doch eine davon taucht immer wieder auf, wie im Folgenden zu lesen sein wird.

Der Fisch beginnt am Kopf zu stinken

Kündigungsgrund Nummer eins ist häufig der Chef. Wie unzufrieden hierzulande Berufstätige mit ihren Vorgesetzten sind, zeigt eine Studie der *Ruhr-Universität* in Bochum. (dpa in: *Die Süddeutsche*/Karriere v. 17.8.2009) Bei Aspekten wie Vertrauen, Akzeptanz, Fairness oder Aufgabenmanagement sind nur 20 Prozent mit ihrem Vorgesetzten zufrieden, 56 Prozent sind unzufrieden, 23 Prozent geben ihren Chefs sogar die schlechtmöglichste Bewertung. Da helfen dann letztlich auch keine attraktiven Bonusverträge, großzügigen Nebenleistungen, Weiterbildungsmöglichkeiten oder flexiblen Arbeitszeiten etc. Um das Vertrauen wiederherzustellen, bedarf es Führungskräfte, welche kraft ihrer authentischen Persönlichkeit die Herzen anderer berühren.

Es wird immer wichtiger, Menschen zu führen. Doch Führungskräfte sind immer weniger darauf vorbereitet. Und schlechte Chefs sind teuer: Denn sie demotivieren ihre Mitarbeiter, haben hohe Personalfluktuation zu verantworten und verschwenden viel Geld. Tatsache ist: Führen setzt eigene Führung voraus. Dort, wo Menschen Verantwortung für andere tragen, sollte die Fähigkeit, Beziehungen zu gestalten, zur Meisterschaft entwickelt werden (siehe auch S. 122 ff.).

Fakt ist doch: *Alle* sitzen in einem Boot, *alle* sollten Respekt voreinander kultivieren und ihr Bestmögliches einsetzen. Selbstverständlich gibt es auch schlechte Momente und Tage, an denen man die anderen zu gern auf den Mond befördern möchte (aber das hat der arme Kerl nun wirklich nicht verdient …). Niemand ist perfekt. Wichtig wäre nur, immer aufs Neue eine wertschätzende Grundhaltung einzuüben – ja, auch sie braucht Training! Doch im hektischen Berufsalltag erweist sich leider: Es geht sehr viel schief im Miteinander, mit fatalen Folgen – menschlich wie wirtschaftlich.

Zu den verbreitetsten Unsitten beispielsweise gehört, zwischen Tür und Angel den Mitarbeiter vor Kunden oder Teamkollegen zu kritisieren, sich auf Fehler zu fokussieren und sie gerne und nörgelnd zu benennen (siehe auch S. 118). Als »Ausgleich« gibt es dann vielleicht irgendwann mal im Jahr eine Incentive-Reise zur Pflege des Gemeinschaftsgefühls. Aber diese Rechnung geht natürlich nicht auf. Viele Chefs ärgern sich dann sogar über ihre Mitarbeiter, weil sie sich nicht angemessen freuen und keine Dankbarkeit zeigen, obwohl ihnen doch »großzügig« dieses und jenes zuteil geworden ist. Ach ja? Die logische Schlussfolgerung lautet: Was ich täglich kaputtmache, wiege ich nicht mit einem tollen Essen wieder auf.

Der Führungsstil muss sich ändern – damit auch die Grundstimmung – damit auch die Gesundheit – damit auch der Umsatz. Dabei gewinnt jeder!

Auch bei den sogenannten Vier-Augen-Gesprächen gibt es in vielen Unternehmen Verbesserungspotenzial (siehe auch das 5. Gebot, S. 102). Denn ein solches Gespräch bietet ja die hervorragende Chance, dem Mitarbeiter zuzuhören, ihn aufzubauen, zu motivieren und zu inspirieren. Gleichzeitig lassen sich dabei wichtige Weichen stellen und neue Ziele lebendig erörtern, sodass er ermutigt und kraftvoll an seine Aufgaben herangeht und stolz ist, dabeisein zu können.

Doch wie läuft ein solches Gespräch tatsächlich oft ab? Kaum zu glauben, doch währenddessen werden Handy und Mails nicht aus den Augen gelassen, Monologe gehalten statt zugehört, es wird kritisiert statt motiviert! Die betreffenden Mitarbeiter gehen entsprechend entmutigt aus der Sitzung heraus.

Wohin soll das führen? Mein Tipp: Lassen Sie solche Gespräche am besten ganz. So geführt, sind sie nur Zeitverschwendung. Gespräche haben den Sinn, den anderen größer zu machen und nicht kleiner (siehe auch das 5. Gebot, S. 103).

Aber nicht nur bei Mitarbeitern hängt der Bürosegen schief. Eine Studie der Unternehmensberatung *Logo Consult* zeigt, dass eine Sinn- und Motivationskrise zunehmend auch unter Führungskräften grassiert. Vor diesem Hintergrund müssen sich Manager fragen, wie sie nicht nur ihre Mitarbeiter, sondern letztendlich auch sich selbst als Vorbilder nachhaltig motivieren können. (In den *7 Business-Geboten* gibt es dazu jede Menge Anregungen.)

Motivation im Du und Wir

Die Praxis zeigt immer wieder: Der mit Abstand wichtigste Motivationsfaktor ist die **Wertschätzung durch den Vorgesetzten**. Und die stärkste Bindung wird durch Vertrauen erzielt. Doch diese beiden Faktoren fristen in den Firmen nach wie vor ein kümmerliches Dasein.

Neurobiologen bestätigen, dass Motivation als Grundhaltung im hohen Maße davon beeinflusst wird, ob Menschen das Gefühl haben, dass ihre Arbeit bzw. das, wofür sie arbeiten, grundsätzlich sinnvoll ist. Die Forschung unterscheidet dabei zwischen zwei wesentlichen Motivationstypen: Zum einen handelt es sich um die *intrinsische Motivation*, die mit der Übereinstimmung zwischen Wünschen der Person und ihrer Aufgabe steigt. Intrinsische Motivation ist leistungsfördernd, prägend sowie angenehm und bezeichnet das Bestreben, etwas um seiner selbst willen zu tun (einfach weil es Spaß macht, Interessen befriedigt oder eine Herausforderung darstellt). Das Gegenstück zur in-

Ein Jahresabo

für ein

persönliches Wort

UND

eine Anerkennung

zwischendurch lohnt sich

– denn der Gewinn

ist

garantiert.

trinsischen ist die *extrinsische* Motivation. Als extrinsisch motiviert bezeichnet man Tätigkeiten, die nicht um ihrer selbst willen ausgeübt werden (siehe oben), sondern zum Beispiel für Geld oder Anerkennung (Mittel zum Zweck).

Intrinsische und extrinsische Motivation schließen sich nicht notwendigerweise gegenseitig aus. Auch Berufstätige können eine hohe intrinsische Motivation haben, obwohl sie für ihre Tätigkeit entlohnt werden. Dies gilt insbesondere dann, wenn sie einer Arbeit nachgehen, die verantwortungsvoll oder bedeutsam ist, und mit der sie sich identifizieren können.

Was die Forschung herausgefunden hat, ist letztlich keine Überraschung, denn wir alle wissen es im Grunde ganz genau: Kern aller menschlichen Motivation ist es, zwischenmenschliche Anerkennung, Wertschätzung, Zuwendung oder Zuneigung zu finden und auch zu geben. Bekommen wir sie nicht, schaltet unser Motivationszentrum ab, wie Joachim Bauer, Professor für Psychoneuroimmunologie, sagt (siehe Literatur). Aber aufgepasst: Es geht hier nicht um irgendwelche Lobhudeleien, sondern um ehrliches, authentisches Feedback vom anderen! Ohne Menschlichkeit, ohne eine gute Beziehung gibt es keine dauerhafte Motivation. Belastende Beziehungen führen nicht nur zu einem Sinkflug der Motivationssysteme, sondern können auch einen Absturz bewirken. Und das erleben wir ja derzeit im Wirtschaftssystem auf vielfältige Weise. Hier muss der Hebel angesetzt werden.

Gelingende Beziehungen hingegen können durchaus auch im übergeordneten Sinn verstanden werden, denn insbesondere in Krisenzeiten sind sie häufig der entscheidende Motivationssprung, um dem Unternehmen gegenüber loyal zu bleiben. Eine ebenso große Rolle spielt die Gestaltung von Beziehungen am Arbeitsplatz: Ein gutes kollegiales Klima, Fairness und erlebtes Vertrauen haben nicht nur motivierende, sondern auch eine gesundheitsstabilisierende Wirkung.

Wir Menschen sind grundlegend motiviert – schon als Kind ist dies die Hauptantriebsfeder, um die Welt zu erkunden und neue Erfahrungen zu sammeln: Da wird hingelangt, abgeschmatzt, weggeworfen, wieder herbeigeholt, aufgebaut, umgestoßen, neu gebaut, kombiniert und experimentiert – Hauptsache, die eigene Schöpferkraft und somit auch die eigene Wirkmächtigkeit bleibt spürbar lebendig und kann immer aufs Neue zum Einsatz kommen. Doch wie erklärt sich dann, dass zum Beispiel im Beruf viele ihren Job nach Vorschrift machen und kaum begeistert sind, privat aber ehrenamtlich hochengagiert und motiviert agieren?

Ich wurde eines Tages vom Personalchef eines großen Unternehmens gefragt, ob ich erklären könne, warum etliche der Mitarbeiter ihren Job nach Vorschrift machen und keinen Deut mehr? Aber in ihrer Freizeit seien sie sehr engagiert bei der Feuerwehr, bei den Pfadfindern, beim Schützenverein etc. Sie würden freudestrahlend davon erzählen, obwohl sie für ihren Einsatz viel Zeit investierten und kein Geld dafür bekämen. Er konnte es sich tatsächlich nicht erklären. Ich denke, Sie können es sicher ... Was bekommen diese Menschen dort, was sie in ihrer Firma offensichtlich nicht erleben? Ganz einfach: Sie sind wichtig, leisten einen Beitrag, erleben ein Miteinander.

Aus all dem folgt: Überall – und eben auch im Business – ist und bleibt es eine große Herausforderung, zu motivieren und motiviert zu bleiben. Im Demotivieren hingegen haben es viele ja schon zur Meisterschaft gebracht. Dazu gehört beispielsweise auch der *Fokus auf Fehler*. Bloß nicht loben und anerkennen! Es gibt die interessantesten Ausreden, warum nicht gelobt wird: »Was soll die Lobhudelei, das verdirbt den Menschen ja nur und lässt ihn glauben, er sei was Besseres.« Ja, so sind viele von uns groß geworden, es ist uns wirklich in Fleisch und Blut übergegangen. Doch hat es Ihnen gefallen, hat es Sie stark gemacht?

Wahrscheinlich nicht. Ich finde, es ist höchste Zeit, uns diese fehlerfokussierte-Haltung wieder abzugewöhnen. Doch viele Firmenchefs haben immer noch Sorge, dass zu viel Lob die Mitarbeiter zu selbstbewusst macht und/oder dass sie dann mehr Geld verlangen. Manchmal höre ich von Vorgesetzten auch: »Wieso loben? Mich lobt ja auch keiner.« Nun, wenn dem so ist – dann tun Sie's einfach ab sofort!

> *»Wer ein Unternehmen führen will, der muss Menschen führen. Wer Menschen führen will, der muss sich selbst führen. Wer sich selbst führen will, muss wissen, wo er hinwill, dort hingehen und sich nicht umdrehen.«*
>
> Antoine de Saint-Exupéry

Führen mit Wertschätzung

Wertschätzung leben heißt, im ersten Schritt den Blick auf das Gute zu lenken und es zu kultivieren. Das funktioniert allerdings nur, wenn man nicht selbst bedürftig ist, also denken Sie daran, sich immer wieder selbst zu loben! (Siehe auch das 2. Gebot.) Zu welchen Höhenflügen eine wertschätzende Haltung führen kann, zeigt ein Beispiel aus dem Sport: Die meisten von uns werden sich noch gut an die bereits erwähnte Fußball-WM 2006 in Deutschland erinnern (siehe S. 26). Ein Land im heiteren Feier-Ausnahmezustand! Das Trainer-Duo Klinsmann und Löw ging ganz anders als gewohnt vor, und wir erlebten einen ganz anderen erfolgreichen Fußball.

In diesem Zusammenhang finde ich einen Aspekt besonders erwähnenswert, der in dem WM-Film *Deutschland – Ein Sommermärchen* gut zu erkennen war: Kurz bevor die Spieler aufs Spielfeld gingen, sahen sie sich in der Kabine Spielszenen aus den vorangegangenen Spielen des Turniers an. Sie bekamen dabei nicht gezeigt, was sie falsch gemacht und nun besser zu machen hätten, sondern es wurden nur diejenigen Szenen gezeigt, in denen die Spieler brillant waren. Auch eine brillante Strategie: Denn genau so wird eine aufbauende Atmosphäre geschaffen, genau so entstehen Selbstvertrauen und der Mut, die Dinge anzupacken.

Was im Sport funktioniert, funktioniert auch im Berufsalltag. Jeder Einzelne kann und sollte daran arbeiten, nicht nur seine Kompetenz, sondern auch die Atmosphäre im Unternehmen zu verbessern. Zum eigenen Vorteil: Denn Menschen verbringen einen Großteil ihrer Zeit dort – da macht es doch absolut Sinn, sich das Arbeitsumfeld positiv zu gestalten. Vielleicht werden Sie nun einwenden: »Ja, arbeiten Sie mal bei uns, hier gibt es nichts zu lachen.«

Wenn dem so sein sollte, empfehle ich: Fangen doch *Sie* einfach damit an! Warten Sie nicht auf die Bespaßung von außen, sondern leisten Sie einen aktiven Beitrag für ein entspanntes Betriebsklima. Lassen Sie sich nicht runterziehen von schlechtgelaunten Menschen, sondern – ganz im Gegenteil – ziehen Sie sie mit hoch. Ein Sprichwort besagt: »Wie man in den Wald hineinruft ...« – Sie wissen schon. Das Wort »Danke« beispielsweise kann viel bewirken (viele Menschen haben dies leider verlernt ...). Auch wissen wir alle, dass Lachen oder auch ein Lächeln ansteckend ist. Es sind die oft so unterschätzten kleinen Gesten und anerkennenden Worte, die auch in den Berufsalltag ein paar Sonnenstrahlen zaubern und vieles vom bestehenden Druck und der Hektik abfedern.

An dieser Stelle möchte ich nochmals darauf hinweisen, dass wir von solchen Verhaltensweisen auch selbst profitieren. Denn das Unterbewusstsein macht keinen Unterschied und weiß nicht, ob wir über andere oder über uns selbst denken und reden (siehe auch das 5. Gebot, S. 90). Das Geben ist also immer auch ein Nehmen und umgekehrt – alle gewinnen dabei.

Über dieses Thema sprachen wir einmal in einem meiner Führungskräfte-Seminare und darüber, dass wir oft auch bei Menschen, die uns privat wichtig sind, vergessen, Komplimente zu machen. Da meldete sich ein älterer Teilnehmer und sagte: »Weshalb soll ich meiner Frau sagen, dass ich sie liebe? ... sie weiß das doch.« (Nach dem Motto: Einmal gesagt, muss das bis zur Goldenen Hochzeit reichen.) Ja, das kann natürlich sein, gleichzeitig ermunterte ich ihn, seine gefühlte Wertschätzung auf seine Weise auch zu zeigen.

Nach vier Wochen traf ich diesen Teilnehmer beim zweiten Teil des Seminars wieder, und er gab seine Geschichte augenzwinkernd zum Besten: »Tolle Idee ... ich kaufte meiner Frau nach dem Seminar einen großen Blumenstrauß – und hatte prompt den größten Ärger aller Zeiten. ›Was hast du gemacht, was willst du, was gibt es zu gestehen?‹ – und so weiter.« Diese auf den ersten Blick heitere Story zeigt, dass es für manche Menschen mitunter schwer ist, etwas Positives anzunehmen, wenn sie es zuvor nie erfahren haben. Deshalb ermutigte ich diesen Mann, »dranzubleiben« – mit Erfolg. Durch seine kontinuierlich nun auch gezeigte Wertschätzung hat er eine noch glücklichere Frau zu Hause. »Ist doch ganz einfach«, meinte er. Ja, so einfach ist das.

Bahn frei für eine neue Generation von Leadership!

Das 6. Gebot hat bisher gezeigt, wo es in manchen Bereichen der Unternehmenskultur hapert und wie groß der Wunsch nach Veränderung bei allen Beteiligten ist – sowohl bei Mitarbeitern als auch bei Führungskräften. Letztere sollten unbedingt mehr menschliche Kompetenzen erlernen und sie auch leben. Bislang jedoch gelten für Manager beim Aufstieg auf der Karriereleiter in erster Linie Fachkompetenz oder Firmenzugehörigkeit – andere Komponenten spielen eine eher untergeordnete Rolle. Doch wie die Praxis zeigt, kostet diese Missachtung vor allem Geld, Gesundheit und Nerven.

Sollten Sie auf der Führungsebene arbeiten, sage ich mit Nachdruck: Das, was Mitarbeiter brauchen, ist ohne Weiteres machbar. Es bedeutet keine Mehranstrengung. Tun Sie's, und das Ergebnis wird Sie verblüffen. Wenn Sie sich für menschlichere Prinzipien entscheiden, heißt das auch: *Sie entscheiden sich für eine andere Art von Führung.*

Führung bedeutet, das Potenzial in den anderen zu entdecken. Sie zu ermutigen, ihren Wert zu erkennen, ihn zu leben und dies auch anderen zur Verfügung zu stellen. So ziehen alle leichter an einem Strang, so potenzieren sich die Kräfte für das gemeinsame Ziel. Aber um es nochmals zu betonen: *Authentisch muss diese Haltung sein!*

Die Aufgabe von Führungskräften liegt darin, Mitarbeitern ein Umfeld zu schaffen, in dem sie sich entfalten können und eigenverantwortlich engagieren. Teams sind so zu führen, dass jeder sein angeborenes Talent und sein Potenzial einbringen kann und auf diese Weise das jeweilige Unternehmensziel erreicht wird.

Führungskräfte müssen erreichen, dass Mitarbeiter hundertprozentig hinter dem Unternehmen stehen. In ihrer Haltung, ihrem Mitdenken, in ihrer Begeisterung – es sollte erreicht werden, dass sie arbeiten, nicht weil es ihnen gesagt wird, sondern aus der Freude heraus, Teil eines Ganzen zu sein. So lässt sich Produktivität steigern. Führungskräfte sollten genau dieses Feuer leben und auch entfachen können. Nur wer selbst brennt, kann andere entflammen. Er ist dann in der Lage, Ziele zu formulieren, sie vorzugeben, zu besprechen sowie zu entscheiden, welche Wege sinnvoll sind und welche nicht weiterverfolgt werden sollten.

Wer so führt, wird meiner Erfahrung nach immer erfolgreich sein – menschlich wie wirtschaftlich. Wenn Sie sich stets vor Augen halten, was Menschen motiviert (das bereits erwähnte Lob, die Anerkennung, Sinnhaftigkeit des Tuns, eine gut funktionierende Gemeinschaft), haben Sie eine wunderbare Plattform geschaffen, damit Menschen sich voller Engagement und Leidenschaft einbringen können.

Gute Führungskräfte gehen immer wieder in Kommunikation. »Wie ist Ihr Tag gelaufen? Was gibt es zu verbessern? Was brauchen Sie von mir, damit Sie Ihre Ziele erreichen?« Solche Kommunikation ist nicht über Mails oder die jährlichen Besprechungen zu machen. Gehen Sie rüber ins andere Büro und reden Sie persönlich mit den Menschen. Das gemeinsame Sich-in-die-Augen-Schauen ist der entscheidende Punkt. Es geht darum, sich für den anderen wirklich zu interessieren. Es geht darum, ein Klima von Verständnis und Freiheit zu schaffen. Es geht darum, mündige Mitarbeiter zu haben, die auch ihre Meinung äußern. In einem solchen Umfeld gibt es stets eine enorme Produktivität von Menschen, die begeistert sind und darüber sogar noch die Zeit vergessen.

Führungskräfte wünschen sich hochmotivierte Mitarbeiter, genauso wie sich Mitarbeiter echte Chefs wünschen. Solche, die glaubwürdig, wahrhaftig, integer und ehrlich sind. Authentische Führung rückt somit als zentrale Herausforderung an die Manageretagen klar in den Vordergrund. Authentische Führungskräfte charakterisiert, dass sie andere Menschen auf besondere Art und Weise in ihren Bann ziehen. Sie leben ein Vorbild, denken und fühlen visionär und haben die Fähigkeit, alle mit ins Boot zu holen. Sie stehen zur eigenen Wahrheit, auch wenn diese nicht populär ist. Sie drücken offen und eindeutig das aus, was sie für richtig halten. Dazu gehört durchaus zu sagen, wo es langgeht, und dass sie aufgestellte Ziele, Regeln etc. im Blick behalten.

Und am wichtigsten: Sie wissen, wer sie sind, und können das eigene Urbedürfnis nach Lob und Anerkennung überwinden, wenn ihre Führungs- bzw. Lebensaufgabe dies erfordert. Sie kennen und schätzen ihren Selbstwert und sind deshalb in der Lage, im gleichen Umfang auch den Wert ihrer Mitmenschen zu schätzen. Zugleich wecken sie mit Glaubwürdigkeit, Ehrlichkeit und Integrität ein Höchstmaß an Vertrauen. Damit erfüllen sie die zentralen Kriterien der Mitarbeiterbindung. Sie haben ein gutes Händchen für die optimale Positionierung, führen gekonnt und sicher durch Krisenzeiten.

Ein guter Chef verstärkt die Stärken seiner Mitarbeiter.

Gemeinsam nach vorn – das ist das Ziel. Miteinander statt gegeneinander. Was wir brauchen, sind authentische, kompetente, starke und in sich ruhende Menschen – keine Ja-Sager. Menschen, die gerade durch dieses Selbstbewusstsein in der Lage sind, sich mit anderen produktiv zusammenzutun. Um ein gesundes und kraftvolles Wir-Bewusstsein leben zu können, braucht es bewusste Individuen. Jeder sollte sich sozusagen zuvor vereinzelt haben, damit es kein Verstecken im Wir gibt. Auch hier gilt wieder die bewährte Reihenfolge: *Vom Ich zum Du zum Wir.*

Gewinnen kann man nur als Team. Gute Einzelkämpfer ohne Teamgeist kommen nicht zum Gesamtsieg. Höchstleistung bei gleichzeitig guter Stimmung ist möglich. Menschen, die sich schätzen und gut verstehen, ziehen eher an einem Strang. Seine eigenen Fähigkeiten im Team auch den anderen zur Verfügung stellen zu können, ist von entscheidender Bedeutung und macht den großen Unterschied zwischen einem durchschnittlichen und einem exzellenten Team aus. Wer eine exzellente Mannschaft hat, braucht kein Teambildungsseminar – schon gar kein Verhaltenstraining. Denn das besitzt meiner Erfahrung nach kaum Nachhaltigkeit, weil es den Menschen nicht wirklich mitnimmt und weil das antrainierte Wissen bereits nach Tagen wieder verflogen ist.

Achten Sie stattdessen generell oder auch bei Seminaren darauf, dass die Persönlichkeit Ihrer Mitarbeiter von innen nach außen gestärkt wird. Je besser es jedem Einzelnen im Team geht, desto besser funktioniert das Miteinander untereinander, und es wird nicht mit jedem kleinen Anliegen oder jedem Verdruss gleich zum Vorgesetzten gerannt. Wie viel Zeit wird so am Tag mit aufreibenden Schlichtungsgesprächen gespart und wie viel Zeit steht so wieder für die Realisierung der Aufgabe, des Projekts zur Verfügung! Je unterstützender die Zusammenarbeit ist, desto schneller wird das gesteckte Ziel erreicht. Je motivierter jeder Einzelne ist, desto größer sein Engagement und seine Kreativität. Und es zeigt sich auch dabei wieder: *Ein gutes Unternehmen braucht ein gutes Wir.*

Werden Sie ein Magnet für Ihre Kunden

Das Image eines Unternehmens umfasst alle Gebiete seines Erscheinungsbildes und wird von ihnen beeinflusst: von der Gestaltung des Logos bis hin zum Auftreten der dort tätigen Menschen (siehe auch das 4. Gebot). Für mich stellt sich seit Jahren die Frage, warum so viele Unternehmen in die Materie, statt in die Menschen, das heißt in die Mitarbeiter investieren? Denn letztendlich ist der Kontakt von Mensch zu Mensch, also auch zu den Kunden, prägend für das Image einer Firma. Vermutlich kennen Sie das: Der bei Kunden beliebteste Mitarbeiter wird am meisten kontaktiert. Das hängt nicht nur von seiner Kompetenz ab, sondern hat damit zu tun, dass es »menschelt«.

Und: Je größer und demnach weniger greifbar ein Unternehmen ist, desto wichtiger wird der persönliche Kontakt, und desto wichtiger ist es, in der Werbung eine Persönlichkeit einzusetzen, die der hauseigenen Philosophie eine Gestalt gibt. Wer zum Beispiel einen umschwärmten Filmstar immer wieder im hinreißenden Verhandlungsgeplänkel beim »Kaffeekränzchen« mit dem lieben Gott erlebt, wird sich umso vergnügter dieser Kaffeesorte zuwenden und sie rundum genießen.

Kein Wunder: Kaufentscheidungen sind Bauchentscheidungen. Und Bauchentscheidungen sind gefühlsgesteuert. Was gibt dem Kunden ein gutes Gefühl? Daten, Fakten, Zahlen? Oder ein freundlicher Mensch, der daran interessiert ist, aufrichtig freundlich, wertschätzend und kompetent zur Verfügung zu stehen? Wenn dann der Preis des Verkaufsobjekts noch stimmt – wunderbar. Bei dieser Reihenfolge spielt er übrigens eine untergeordnete Rolle: Wenn wir uns wohlfühlen, sind wir eher gewillt, mehr Geld auszugeben. Das setzt jedoch eine gute Beziehung zum Verkäufer sowie zum Unternehmen voraus. (Darüber haben Sie bereits schon einiges in den vergangenen Geboten erfahren.) Wir kaufen meist nichts von jemandem, der unfreundlich und unaufmerksam ist. Stattdessen kaufen wir gerne dort, wo wir als Mensch gesehen werden, wo uns Unterstützung und Freundlichkeit entgegenkommen. Dieser Weg – Menschen über die Persönlichkeit eines anderen an die Firma zu binden – wird sich in Zukunft noch deutlich verstärken.

> *»Menschen vergessen, was du gesagt und was du getan hast. Sie vergessen aber nie, wie sie sich bei dir gefühlt haben.«*
>
> Maya Angelou

Es zeigt sich eben immer wieder: Kunden kaufen keine Ware oder Dienstleistung allein, sondern einen Mehrgewinn an guter Stimmung. Darum spielt die emotionale Bindung eine solch entscheidende Rolle für den wirtschaftlichen Erfolg eines Unternehmens. Menschen (Kunden) kaufen Lösungen, Emotionen, Glück und Enthusiasmus! Und ich werde nicht müde zu betonen: Es geht dabei nicht um ein antrainiertes und aufgesetztes Lächeln, sondern um die innere Begeisterung des Verkäufers/Beraters (siehe auch das 3. und 4. Gebot).

Hinzu kommt, dass Menschen, mit denen wir gute Erfahrungen gemacht haben, auf uns wie ein Verführungsreiz wirken. Wir sind gerne in ihrer Gegenwart. Deshalb ist die stärkste und beste Droge für den Menschen der andere Mensch. So lässt sich auch erklären, warum manche Kunden ausschließlich von »ihrem« Verkäufer bedient werden wollen und sogar bereit sind, noch einmal wiederzukommen, falls er momentan nicht anzutreffen ist. Der Weg zum Produkt führt also stets über den Mitarbeiter. Er ist der emotionale Transfer zum Produkt. Wie begeistert sind Ihre Mitarbeiter?

Wenn die Mitarbeiter am Erfolg einen so entscheidenden Anteil haben, wachsen damit auch die Ansprüche und Herausforderungen an das Team. Denn es repräsentiert Tag für Tag das Unternehmen nach außen und beeinflusst somit maßgeblich das Image auf dem Markt. Jedes Teammitglied hat deshalb die Aufgabe, sich neben seinen fachlichen Kompetenzen auch mit seiner ganzen Persönlichkeit und positiven Ausstrahlung einzubringen, damit das Unternehmen weiterhin erfolgreich ist.

Kunden zu gewinnen und zu halten – diese Forderung steht heute im internationalen und heftigen Wettbewerb mehr denn je im Mittelpunkt des Marketings. Denn wie erwähnt ist es schlussendlich immer der Kunde, der durch seine Kaufentscheidung über den Erfolg oder Misserfolg eines Unternehmens am Markt entscheidet. Damit rückt die persönliche Begegnung von Mensch zu Mensch immer stärker in den Vordergrund. Was auch immer wir anbieten und verkaufen – in Wahrheit geht es stets um die warmherzige und respektvolle Begegnung von Mensch zu Mensch.

In Zukunft werden wir also nicht nur daran gemessen, was wir können, sondern *wie* wir unser Können vermitteln. Ich habe den Eindruck, dass sich viele Mitarbeiter dieser Position nicht bewusst sind, sonst könnte ich mir die oft nachlässige Art und Weise nicht erklären, mit Kunden umzugehen.

Wenn das passiert, können Kunden manchmal »gnadenlos« über eine Firma richten, falls der Service nicht gut war (siehe auch das 4. Gebot, S. 72)): Ein schlechter Tag eines Verkäufers, ein zu knapper Gruß, zu lange warten müssen – und schon sind sie weg! Die Reaktion verläuft nach reinen Gefühlskriterien und wird nicht differenziert, wie zum Beispiel: »Na ja, Herr X war heute irgendwie schlecht drauf, aber ansonsten ist der Laden ja toll.« Nein, unter Umständen greift die »Sippenhaftung«, und das Image des Unternehmens ist hinüber. Dass eine solche Be-

MACHEN Sie

aus Ihren Kunden

begeisterte Kunden,

und sie bleiben loyal

an Ihrer Seite.

hauptung nicht aus der Luft gegriffen ist, zeigt das folgende Beispiel, welches mir von einem meiner Seminarteilnehmer erzählt wurde. Es ist die Geschichte über ein Autohaus, dem ein treuer Stammkunde verlorenging, und wie es dies hätte verhindern können.

Lesson to learn

Über viele Jahre hinweg war Herr K. – Inhaber einer Bauunternehmung mit mehreren Niederlassungen – sehr zufrieden mit seiner Automarke und dem Service des örtlichen Autohauses. Deshalb stellte er im Laufe der Jahre sogar konsequent seinen gesamten Firmenfuhrpark auf diese Automarke um. Nie ließ Herr K. es sich nehmen, sein eigenes Auto selbst in die Werkstatt zu bringen. Stets wurde er dort freundlich von dem älteren Herrn der Annahmestelle begrüßt, egal wie beschäftigt dieser auch sein mochte. Er nahm sich immer Zeit für eine herzliche Begrüßung, für ein nettes Gespräch, und es gab jedes Mal eine Tasse Kaffee. Über die Jahre war dies schon zu einer Art Ritual geworden.

Auch bekam Herr K. immer seinen Lieblingsleihwagen. Denn welches Auto er gerne fuhr, hatte der erfahrene Mitarbeiter des Autohauses schnell mitbekommen, und so stand der Wagen schon bereit. Wenn dann wirklich mal etwas nicht so rund lief, war das nicht weiter schlimm, denn »man« mochte sich.

Als Herr K. eines Tages wieder im Autohaus erschien, saß vor ihm ein neuer Mitarbeiter, der – offensichtlich anderweitig beschäftigt – lediglich ein »Guten Tag« murmelte, zunächst ohne seinen Kopf zu heben. Herr K. musste mehrfach seinen Namen buchstabieren, statt persönlich begrüßt zu werden. Auf die Frage, wo denn der Kollege heute sei, bekam er die Antwort:

»Mein Vorgänger ist pensioniert – ich mach das jetzt hier und muss erst mal Struktur reinbringen.«

Seine eigene unpersönliche Behandlung sowie die abwertende Bemerkung über den geschätzten ehemaligen Ansprechpartner waren für Herrn K. Anlass genug zu gehen – und das für immer sowie mit seinem gesamten Firmenfuhrpark!

»Dumm gelaufen«, könnte man sarkastisch anmerken, obwohl doch rein »fachlich« gar nichts schiefgegangen war. Der neue Servicemitarbeiter verfügte sogar über Topqualifikationen in datengestützten Abläufen, war fachlich auf dem neuesten Stand und sollte die Effizienz der Annahmestelle durch Einführung eines neuen Computersystems erhöhen. Dennoch: der Kunde, periodische Neuwagenverkäufe, regelmäßige Wartungsleistungen – alles weg!

Nun wechselt man sein Autohaus nicht so einfach wie seinen Friseur oder Herrenausstatter. Dennoch hatte eine Enttäuschung auf der Beziehungsebene ausgereicht, um nachhaltigen wirtschaftlichen Verlust zu erzeugen. Wir sehen: Nur der Mensch gewinnt den Menschen. – Oder er verliert den Menschen. Es ist also dringend geboten, einen Kurswechsel vorzunehmen.

Kennen Sie die Quote unzufriedener Kunden in Ihrem Unternehmen? Wie viel »Abspringer« hatten Sie im letzten Quartal? Wissen Sie, wie es um die Beziehungsebene Ihrer Mitarbeiter mit direktem Kundenkontakt bestellt ist? Kümmern Sie sich um diesen wesentlichen Erfolgsfaktor und nehmen Sie Ihre Antworten zum Anlass, gegebenenfalls etwas zu verändern.

Zum Glück gab es schon immer Unternehmen, die dieses Prinzip beherzigt haben und mit ihrer Philosophie erfolgreich waren und sind. Und es kommen heute mehr und mehr Unternehmen aus ganz unterschiedlichen Branchen hinzu, die den besagten Kurswechsel ebenfalls bravourös meistern – das kann ich in meinen Seminaren und Coachings immer wieder feststellen. Belohnt werden sie mit motivierten und engagierten Mitarbeitern auf der einen Seite und wachsenden Umsätzen auf der anderen Seite.

Was machen diese Firmen anders? Ganz einfach: Sie haben verstanden, dass die Menschen, die in ihrem Unternehmen arbeiten – und zwar in ganz unterschiedlichen Branchen –, ihre wichtigste Ressource sind.

Es zieht sich durch das ganze Buch, und wir kommen auch hier nicht daran vorbei: *Der Mensch macht den Unterschied.* Ja, *Sie* machen den Unterschied. Menschen brauchen Menschen. Eine ewig gültige Formel.

Deshalb: Verschenken Sie kein Vertrauen! Verschenken Sie keinen Umsatz! Kultivieren Sie Wertschätzung und Respekt. Setzen Sie Ziele mit Sinn und Leidenschaft. Stärken Sie die Persönlichkeit Ihrer Mitarbeiter. Das motiviert sie und auch dazu, den Kunden anders zu erreichen, denn das Konsumentenverhalten hat sich geändert. In einer Zeit, in der Angebote immer vergleichbarer werden, geht es darum, einen *Mehrwert* anzubieten, weit über bloße Produkte und Dienstleistungen hinaus. Und dieser Mehrwert heißt *emotionaler Mehrgewinn*. Mit anderen Worten: Bindung durch Aufrichtigkeit, Aufmerksamkeit und menschliche Wärme.

Unternehmen sind Menschen. Kunden sind Menschen. Und diese Verbindung gilt es Tag für Tag vertrauensvoll und verlässlich zu gestalten. Das macht reich: an Erfolg, an Freude an der Arbeit und an Motivation.

Wenn Sie so führen, wenn Sie als Unternehmen so agieren, werden Sie in der Lage sein, die offiziellen, oftmals negativen Statistiken leicht lächelnd hinter sich zu lassen. Machen Sie Ihre eigene Statistik. Eine Statistik, die Ihre Bemühungen um eine menschlichere Unternehmenskultur ausweist. Eine Erfolgsbilanz, die Ihren Mut und Ihre visionäre Kraft belohnt, weil Sie weitsichtig handeln – und dies Sie geradezu prädestiniert für das 7. Gebot. Überzeugen Sie sich selbst.

Input

Haben Sie einen Blick auf die Stärken Ihrer Mitmenschen und sagen Sie ihnen, was Sie begeistert. Sie werden wahrscheinlich in viele erstaunte Gesichter schauen …

7. Gebot
TU HEUTE DAS, WAS DU MORGEN SEIN WILLST

Über echte Motivation und visionäre Ziele

Mitten im Hamsterrad Visionen entwickeln. Geht denn das? Es geht. Gewiss, das allgemeine Tempo und die Herausforderungen sind hoch, und ein Ende ist nicht abzusehen. Aber warum auch? Das Leben ist Bewegung und wird es immer sein, egal mit welchem Tempo. Diese Tatsache darf daher nicht als Ausrede gelten, sich nicht schon heute auf die Zukunft ausrichten zu können. Besäßen wir aber die magische Kraft, das Rad kurz anzuhalten, würden wir sehen: Um bei all der Geschwindigkeit mithalten zu können, scheint die sinnvollste Maßnahme zu sein, sich von Ballast zu befreien – im Inneren wie im Äußeren –, um seine eigene Mitte zu wahren. Es geht darum, mit dieser Fähigkeit mutig nach vorne zu schauen und loszugehen. Es geht darum gut auf sich und gut auf die anderen zu achten. Es geht darum, zu erkennen, dass es immer der Einzelne ist, der seinem Leben die Richtung vorgibt, und dass er sich freimachen kann von äußeren Umständen.

Über sechs Gebote hinweg haben wir den Blick auf uns selbst, auf die anderen, unser Miteinander und auf die Unternehmen geworfen. Im *7. Gebot* nun fügen wir die einzelnen Aspekte zusammen. Denn jetzt geht es mit leichtem Gepäck in die Zukunft. Mit einem »Kopfgepäck«, das vorwiegend visionäre Ziele enthält. Visionen wiegen nichts, aber sie haben viel Gewicht. Wir können überall mit ihnen reisen, ohne Grenzen, ohne Zoll – sie stehen immer zur Verfügung, wollen aber auch ausgepackt werden. Wer alle sechs Gebote verinnerlich hat, wird wahrscheinlich schon längst auf dem Weg sein, seine Visionen in sein Leben, in die Arbeit, in das Unternehmen zu holen.

Mit dem 7. Gebot begeben wir uns auf Erfolgskurs, um das Morgen bewusst zu gestalten. Und dieses Morgen beginnt heute. Die bisherigen Gebote haben Ihnen gezeigt, dass es sich dabei stets um ein Wechselspiel zwischen dem Ich, dem Du und dem Wir handelt. Alles fängt mit uns selbst an, und gleichzeitig sitzen wir alle in einem Boot. Wir tun daher gut daran, auch gut miteinander umzugehen. Um es nochmals zu betonen: Das Miteinander braucht ein starkes und selbstbewusstes ICH. Es braucht Menschen, die Verantwortung für ihr Denken und Tun übernehmen und sich einbringen. Es braucht Unternehmen, die etwas unternehmen und ein Umfeld schaffen, welches zu einem Magneten für Mitarbeiter und für Kunden wird.

Nur zur Erinnerung: Die verbreitete innere Haltung »Wieso denn ich? Die anderen können ja auch mal«, ist allzu menschlich, hat hier allerdings keinen Platz. Die meisten warten nur zu gern darauf, dass die anderen etwas tun. Aber warum eigentlich? Jeder von uns hat doch alles, um etwas bewegen zu können. Mit welch großer Begeisterung sind wir ins Leben gestartet! Wir hatten Träume und Visionen. Ein Bild davon, wie es sein wird.

Doch dann wurden die Regeln für Erfolg gelernt, wir haben uns angepasst, öfter mal ein Wort runtergeschluckt, die Erwartungen anderer erfüllt und uns so manches Mal verbogen. Wie hieß es doch gleich? »Du kannst nicht alles haben, musst hart arbeiten und immer dein Bestes geben«, oder: »Ohne Fleiß kein Preis« – so oder ähnlich lauten die gemeinhin verinnerlichten

»Lebensweisheiten«. Kein Wunder, dass vielen der Spaß abhandengekommen ist. Dieser Weg – anderen zu folgen und Regeln einzuhalten, ohne zu hinterfragen, ob sie auch dem eigenen Wertesystem entsprechen – hat sich für die allermeisten ganz offensichtlich nicht als Glücksweg herausgestellt. Und so wurden im Laufe der Zeit die Träume leiser, die Visionen, die Neugier verstummten.

Wenn Ihnen das bekannt vorkommt, empfehle ich Ihnen, augenblicklich den Schalter umzulegen und sich zunächst einmal konsequent für sich selbst zu entscheiden! Nein, hier geht es nicht um Selbstverwirklichung auf Kosten anderer. Ganz im Gegenteil: Es gilt, endlich den positiven Egoisten zu leben (siehe das 2. Gebot). Nur wer nicht im eigenen Frust verharrt und immerzu mit seinen inneren Baustellen beschäftigt ist, kann über den Tellerrand schauen, bekommt überhaupt mit, was um ihn herum passiert, und kann empathisch reagieren. »Nur wer sich selbst achtet und respektiert, achtet und respektiert auch andere.« Das ist die Regel. Wer sich selbst einen Platz einräumt, tut es auch bei anderen – und zwar ohne sich zu verbiegen.

Der wunderbare »Nebeneffekt« dabei: Wer mit sich im Reinen ist, braucht auch nicht mehr sein Gegenüber zu instrumentalisieren, um die eigenen Erwartungen erfüllt zu bekommen. Er kann selbst dann gelassen bleiben, wenn der andere vielleicht gerade »außer sich« gerät. Er kann andere Menschen ganzheitlich wahrnehmen und lässt auch nicht mehr zu, dass andere bei ihm »die Knöpfe« drücken. Denn im täglichen Business-Leben ist gerade das ja ein beliebtes Spielchen.

In dem Moment, wo Sie in sich und mit sich glücklich sind, werden Sie deutlich freier von äußeren Einflüssen sein. Keine Sorge, das bedeutet nicht, dass Ihnen fortan alles egal sein wird. Es wird Ihnen einfach nur bewusst werden, dass viele Reibereien, Auseinandersetzungen, Konkurrenzgerangel etc. letztlich gar nichts mit Ihnen zu tun haben. Sie gehen einfach nicht mehr in Resonanz damit und können so vielleicht sogar die Not erkennen, in der sich der andere befindet. Wer gut in seiner Mitte ist, der schreit nicht.

Die Zukunft gehört Ihnen – und das Heute sowieso

Es geht also auch anders, deshalb Schluss mit dem gewohnten Trott! Lange genug haben viele von uns Zeit damit verbracht, sich zu sehr anzustrengen, und haben in ebensolche Gesichter geschaut. Die Ursachen dafür wurden bereits in den vorangegangenen Geboten erläutert. Und wir sahen dort auch, welcher Preis von jedem Einzelnen sowie von Firmen dafür gezahlt wird. Leider wissen wir oft erst dann, was wir wollen, wenn die persönliche Lage gar nicht mehr auszuhalten ist. Manchmal brauchen wir sogar eine Grenzerfahrung (z.B. einen persönlichen Schicksalsschlag), um herauszufinden, was wir wollen. Erst wenn wir wirklich frieren, freuen wir uns über eine kuschelige Wärmflasche. Wer richtig hungrig ist, ist dankbar für eine Mahlzeit. Erst wenn wir das eine Extrem erlebt haben, wächst die Sehnsucht nach dem anderen.

Ganz offensichtlich sind allzu viele vom eigentlichen Kurs abgekommen. Doch so muss es nicht bleiben. Wir alle können schon heute ein besseres Morgen schaffen. Nichts ist so schlecht, dass es nicht auch gut ist. Diese Erkenntnis scheint notwendig zu sein, damit etwas passiert. Denn nur, was wir bewusst erkennen, können wir neu betrachten und neu entscheiden. Wenn sich etwas ändern soll, dann zuerst in unseren Gedanken und Handlungen. Und das braucht keine Anstrengung, sondern nur einen Perspektivenwechsel: Dort, wo das Unerwünschte liegt, befindet sich genau gegenüber das Erwünschte.

Also los: Klopfen Sie sich den Staub von den Schultern, rütteln Sie sich einmal zurecht, hören Sie auf, sich über alles und jedes zu beklagen, stehen Sie auf und holen Sie sich Ihre Träume zurück! Lassen Sie uns den Kurs wechseln und wieder Fahrt aufnehmen in ein glücklicheres, gesundes und erfolgreicheres Leben, welches Arbeit und Familie vereinbart. Ein Leben, in dem der Mensch den Menschen sieht und ihn auch so behandelt. Ein Leben, in dem ebenso respektvoll mit der Natur umgegangen und zum Wohle aller agiert wird. Ich bin mir sicher, Sie stehen schon in der Startposition. Denn ich kann mir kaum vorstellen, dass Sie dieses Buch in der Hand haben und nicht nach einem besseren Weg Ausschau halten. Wie schön, dass Sie offenbar zu den Pionieren gehören, die mit Neugier und Abenteuerlust unterwegs sein wollen!

Nehmen Sie sich einfach einmal eine ruhige Stunde, vielleicht sogar einen ganzen Tag für die Überlegung: Was kann ich bei meiner Arbeit, in meinem Unternehmen, für meinen Auftraggeber zum Wohle aller wandeln? Wer das Buch verstanden hat, stellt sich nicht mehr die Frage, was er persönlich davon hat. Denn Sie wissen ja längst: Das, was Sie für andere tun, tun Sie auch für sich. Deshalb lohnt es sich nicht, gegen andere zu agieren (auch wenn das manchmal allzu verführerisch erscheint), weil Sie wissen, dass jeder Angriff auch Selbstangriff bedeutet. Für mich ist es übrigens immer wieder erstaunlich zu erleben, dass viele Menschen sich gegen den Krieg statt für den Frieden stark machen. Oft sind es diejenigen, die den größten Krieg gegen sich selbst, die Familie, den Nachbarn, die Kollegen oder die Mitbewerber führen. Fakt ist: Wer Frieden will, muss Frieden *sein.* Und manchmal eben auch ein »friedvoller Krieger«.

Geben ist Nehmen, und Nehmen ist Geben – wenn allein nur dieses Prinzip umgesetzt wird, werden in Unternehmen unendlich viele Kräfte zur Verfügung stehen, die bisher jedoch oft in unglaublich hohem Maße in Angriffs- und Verteidigungsspielchen verpulvert werden. Wer das verinnerlicht hat und möchte, dass die Welt zu einem besseren Ort wird, wird ganz selbstverständlich mit allem, was ihm begegnet, respektvoll und wertschätzend umgehen. Menschen, die sich ihrer selbst bewusst sind – in meiner Sprache also zu den positiven Egoisten zählen –, stellen dies gar nicht erst in Frage. Sie leisten ihren Beitrag, der die Dinge nach vorn bringt, und unterstützen dabei andere. Wer sich selbst hat, fragt nicht danach, was er bekommt, wenn er was gibt. Denn er hat stets sich selbst und das Gesamtziel vor Augen.

Die allermeisten Menschen arbeiten gerne, wollen einen sinnvollen Beitrag leisten, haben Freude am Erschaffen. Und natürlich müssen dafür auch die Unternehmen wieder entsprechende Rahmenbedingungen schaffen. Aber jeder Einzelne hat sich auch selbst zu motivieren, ganz gleich, in welcher Position er sich befindet! Sprechen wir in Verbindung damit über visionäre Ziele, dann kommt niemand daran vorbei, sich selbst auf den Zahn zu fühlen. Wenn die Arbeitswelt sich ändern soll, sind SIE ein unverzichtbarer Bestandteil dessen, was morgen sein soll. *Tu heute das, was du morgen sein willst* – an diesem Gebot mag sich mancher aufreiben oder sich erfreuen. Es zeigt aber in jedem Fall, dass der Einzelne, dass SIE das Zünglein an der Waage für den Wandel im Business sein können.

Es lohnt sich also, sich für die eigenen Belange einzusetzen, auch wenn dabei vielleicht die eine oder andere Herausforderung von Ihnen gemeistert werden will. Der Sinn dieses Tuns liegt auf der Hand: Wir verbringen so viel Lebenszeit mit unserem Arbeitsumfeld, dass es mehr als logisch ist, es sich so zu erschaffen, wie es uns gefällt, und dass wir uns darin wohlfühlen. Was ist dafür zu tun? Im Folgenden gebe ich einige Beispiele für notwendige Maßnahmen, die nicht nur von Unternehmen, sondern meines Erachtens von jedem Einzelnen ergriffen werden sollten:

- Fragen Sie sich: Wer bin ich, was will ich, wie erreiche ich es?
- Finden Sie heraus: Welche Talente habe ich? Wo kann ich sie einsetzen?
- Bringen Sie sich zu 100% ein. Müde zu werden für das, was »man« tut, ist gefährlich. Selbstverständlich kann dies eine kurze Phase sein, aber dann heißt es, sich wieder selbst zu begeistern. Alles andere ist kontraproduktiv.
- Stellen Sie öfter zwischendurch die Frage, ob Sie alles dafür getan haben, damit eine Sache gut läuft.
- Verzeihen Sie sich auch mal einen Misserfolg. Verbuchen Sie ihn nicht als Scheitern, sondern nehmen Sie ihn als Ansporn, aus der Erfahrung etwas zu machen.
- Räumen Sie zuerst vor der eigenen Tür auf, bevor Sie anderen die Schuld in die Schuhe schieben. Das zeugt von Souveränität.
- Scheuen Sie sich nicht, neue Ideen mit Kollegen und Vorgesetzten zu diskutieren, auch wenn sie auf den ersten Blick noch so abwegig erscheinen mögen. Viele neue Entdeckungen sind auf den ulkigsten Wegen zustande gekommen.
- Und wenn die anderen Sie dabei ab und zu für »verrückt« erklären, dann nehmen Sie es als Kompliment. Ver-rückt ist der, der die alte Position verlässt. Das ist doch großartig und genau das, was heutzutage ansteht!
- Seien Sie stolz auf das, was Sie mit eigener Kraft erreichen, aber bleiben Sie auch ein loyaler Teamspieler.

Ich bin sicher, Sie werden diese Auflistung noch differenzierter fortsetzen können, je nach eigenem Gutdünken. Der Fantasie sind jedenfalls keine Grenzen gesetzt. Machen Sie sich bei all dem immer wieder klar: SIE werden gebraucht, SIE sind der Gestalter Ihrer Zukunft.

Und noch etwas: Wer ehrlich ist mit sich selbst, mag irgendwann vielleicht feststellen, dass er sich an seinem Arbeitsplatz nicht wirklich entfalten kann oder dass die Unternehmensphilosophie nicht mit den eigenen Werten übereinstimmt. In diesem Fall gilt es, sich zu entscheiden. Wer dies nicht tut und still leidet, wird auf Dauer unglücklich und krank (siehe auch das 1. Gebot, S. 28).

Wenn Sie alles getan haben, um eine Änderung herbeizuführen, darüber klar kommuniziert haben und nichts passiert, ist es Zeit zu gehen. *Change it, leave it, love it.* Zu bleiben aus Angst vor Arbeitslosigkeit dient keinem. Und es ist weder sich selbst noch dem Unternehmen gegenüber fair. Finden Sie eine Position, ob in einem anderen Unternehmen oder in der Selbstständigkeit, die Ihnen eher die Möglichkeit bietet, Ihre Talente und Fähigkeiten auszuleben.

Wenn Wünsche zu Taten werden, werden Träume zur Wirklichkeit.

Es tut sich was in Unternehmen

Noch ein wenig langsam und noch lange nicht bei allen: Aber ich bin zuversichtlich, dass es im Business einen Wandel zu mehr Menschlichkeit geben wird. Viele Firmen schreiben sich dieses Credo bereits dick in ihre Leitlinien. Wünschenswert wäre es, wenn diese positiven Beispiele mehr Aufmerksamkeit in der Öffentlichkeit bekämen. Denn solche Unternehmen, die sich Menschlichkeit auf ihre Fahnen schreiben, füllen dies auch mit Leben und Inhalt. Und genau darum geht es in diesem Buch – um gelebte Überzeugungen, und nicht um Lippenbekenntnisse.

Immer mehr Unternehmen vollziehen eine Kurskorrektur. Die einen aus ethisch-moralischen Gründen, die anderen, weil die schlechten Zahlen sie zu einem Umdenken auffordern. Viele merken, dass es inzwischen nicht nur um »höher, besser, schneller, günstiger« geht, sondern um Sinnhaftigkeit. Sie begreifen, dass die Ressource Mensch ein äußerst knappes Gut ist, und dass sie gut daran tun, als Arbeitgeber attraktiv zu sein (siehe das 6. Gebot, S. 132 f.).

Unternehmen bestehen aus Menschen. Wenn Sie zu den Führungskräften zählen: Schauen Sie in die Gesichter Ihrer Mitarbeiter, und Sie werden erkennen, wo Sie als Unternehmer stehen. Fragen Sie die Mitarbeiter, was sie brauchen, und schauen Sie, was davon wie realisiert werden kann. Die Erfahrung zeigt: Arbeitnehmer, die sich wohlfühlen, bringen deutlich bessere Leistungen, sind effizienter und machen weniger Fehler.

> *»Erkenne, wo du stehst, wo du hinwillst.*
> *Mach deinen Plan und dann geh!«*
>
> Kim Cadigan

Wie schon im 6. Gebot angekündigt, wächst eine neue Generation von Leadership heran. Seien Sie doch vorne mit dabei! Um den neuen Führungsstil deutlicher zu machen, greife ich auf ein Bild zurück: Business – egal, ob im Kleinen oder Großen – kann wie ein gutes Match sein. Für Sie als Unternehmer oder Führungskraft bedeutet dies, dass Sie auf dem großen Firmenspielfeld ein guter Trainer sind. Was im Sport immer wieder gut zu beobachten ist, lässt sich eins zu eins auf Unternehmen übertragen. Wie oft entwickeln sich Spieler nach einem Trainerwechsel in kürzester Zeit zur Höchstform! Ist er in wenigen Tagen besser geworden, oder liegt es an der anderen Führung? In der Tat:

Eine gute Führung ist für den Gesamterfolg entscheidend, wie wir bereits im 6. Gebot sahen. Fällt nur einer im Team aus dem Gesamtgefüge, wirkt sich dies auf alle aus. Im Sport hat die Zeitstrafe oder die rote Karte Konsequenzen für das ganze Team – genauso ist es in Unternehmen.

> *»Kapital lässt sich beschaffen. Fabriken kann man bauen. Menschen muss man gewinnen.«*
>
> Hans Christoph von Rohr, Ex-Vorstandsvorsitzender der Klöckner Werke AG

Mehr Menschlichkeit bringt auch mehr Wirtschaftlichkeit. Diese Werte rücken (endlich) wieder in den Vordergrund. Wenn Sie auf dem Markt bleiben und wachsen wollen, sind das aus meiner Sicht die wesentlichen Voraussetzungen. Wir leben im Wandel und können (müssen) ihn ganz klar mitgestalten. Jeder auf seine Weise. Deshalb: Halten Sie fest an Traditionen und Werten, die sich für Sie und die Firma als richtig herausgestellt haben, und haben Sie gleichzeitig den Mut, auch den Wandel anzugehen. Mit anderen Worten: Bringen Sie Ihr Schiff wieder auf Kurs, setzen Sie die Segel mit einem neu gewonnenen Navigationswissen und etablieren Sie einen neuen Mannschaftsgeist. Konkret könnte das beispielsweise bedeuten:

- Schaffen Sie Rahmenbedingungen, in denen sich alle entfalten können. Die auf der einen Seite Sicherheit und auf der anderen Seite Entfaltungsmöglichkeiten bieten. Erarbeiten Sie gemeinsam »Goldene Regeln« für den Umgang miteinander und füllen sie diese mit Leben.
- Erarbeiten Sie mit den Mitarbeitern ein flexibles Arbeitsmodell, um Familie und Berufstätigkeit für alle ohne Reibungsverlust unter einen Hut zu bekommen.

- Berücksichtigen Sie auch die zunehmende Alterspyramide in unserer Gesellschaft. Das heißt: Kalkulieren Sie mit ein, dass Mitarbeiter ggf. wegen der Pflege ihrer Eltern zeitlich flexibel sein müssen.
- Positionieren Sie sich als Unternehmen mit generationsübergreifender Sichtweise, was bedeutet: Geben Sie auch Menschen mit 50/60 plus eine berufliche Chance.
- Auch Zeitverträge können eine Perspektive haben …
- Denken Sie konkret über soziale Projekte nach und machen Sie diese mit dem gesamten Team zur Gemeinschaftssache. Über Spenden hinaus gibt es viele Möglichkeiten.
- Veranstalten Sie mit den Mitarbeitern regelmäßig Visionsmeetings, Ideenbörsen. Sie werden überrascht sein, was da möglicherweise an Vorschlägen kommt, wenn alle sich erst mal »freigeschwommen« haben.
- Fragen Sie sich immer wieder mal: Was macht meine Firma, unsere Arbeit so einzigartig? Lassen Sie das innere Feuer lodern und geben Sie es an andere weiter.
- Feiern Sie öfter im Jahr mit den Mitarbeitern *und* ihren Familien! So machen die gemeinsamen Erfolge noch mehr Spaß.
- Seien Sie immer offen für neue Produkte und Dienstleistungen und beziehen Sie dabei schon in der Planungsphase die Zielgruppe mit ein: Kunden sind oft gute Ratgeber.
- Achten Sie stets darauf, dass genügend Platz für Innovation bleibt, auch und gerade in Zeiten, in denen es scheinbar glänzend läuft.
- Leben Sie allen Konkurrenzrufen zum Trotz Ihren ureigenen Firmen-Spirit! Stolz und selbstbewusst, weil Sie die Nase vorn haben.

Diese Inputs lassen sich ganz individuell erweitern. Vertrauen Sie einfach Ihrer Kreativität und dem, was Sie künftig erreichen wollen.

Wachsen kann ich da, wo jemand mit
Freude auf mich wartet,
Wo ich Fehler machen darf,
Wo ich Raum zum Träumen habe,
Wo ich meine Füße ausstrecken kann,
Wo ich gestreichelt werde,
Wo ich geradeaus reden kann,
Wo ich laut singen darf,
Wo immer ein Platz für mich ist,
Wo ich ohne Maske herumlaufen kann,
Wo einer meine Sorgen anhört,
Wo ich still sein darf,
Wo ich ernst genommen werde,
Wo jemand meine Freude teilt,
Wo ich auch mal nichts tun darf,
Wo mir in Leid Trost zuteil wird,
Wo ich Wurzeln schlagen kann,
Wo ich leben kann.

Dr. Ilse Wehrmann (Gedicht entdeckt auf dem Flur einer KiTa/Verfasser unbekannt)

Wenn Sie so oder ähnlich in der neuen Zeitströmung unterwegs sind, werden die Probleme nicht mit Zauberhand verschwinden, aber sie sind möglicherweise besser zu handhaben. Schwierigkeiten werden dann den Alltag nicht mehr so leicht lähmen, sondern können vielleicht die Initialzündung sein, um neue Wege zu gehen. Wohl dem, der dann auf eine kreative, verlässliche Mannschaft zählen kann – wie klein oder groß sie auch immer sein mag! Ein nicht nur funktionierendes Team zu haben, sondern eines, welches mit Loyalität und hohem Engagement seine Aufgaben erfüllt und vielleicht darüber hinaus in unverhohlener Freude mit an neuen Unternehmensideen bastelt, ist mehr als Gold wert. Solche Mitarbeiter sind ein einzigartiger Schatz, mit dem Sie einen eindeutigen Wettbewerbsvorteil besitzen.

→ Wenn Sie Lust haben, dann schreiben Sie mir, welche interessanten Projekte Sie umgesetzt haben und was danach passierte. Ich sammle gute Nachrichten. Denn in naher Zukunft werden wir den *People-Först-Award* ins Leben rufen.

Halten wir fest: Wie auch immer Sie mit Motivation und visionären Zielen unterwegs sein werden – ob als Mitarbeiter und Chef –, jeder Einzelne gibt die Richtung vor. In der Art und Weise, wie er denkt, fühlt und handelt. Dies wiederum beeinflusst unmittelbar sein Umfeld, denn auch die Skeptiker müssen anerkennen, was für die Naturwissenschaften schon längst erwiesen ist: Alles ist miteinander verbunden. Wir alle sind Teil des Ganzen und deshalb für das Ganze von Bedeutung. Mikro- und Makrokosmos lassen grüßen.

Stark ist, wer mehr Träume hat, als die Realität zerstören kann. Peter Maffay

Deshalb: Glauben Sie zu allen Zeiten an Ihre Träume, auch in den beschwerlichen, und lassen Sie sich niemals von Ihrem Ziel abbringen. Gehen Sie Ihren Weg mit Menschlichkeit – und die Ergebnisse werden ihre eigene, überraschende Gestalt annehmen. Leben Sie Ihr Leben in Selbstverantwortung. Akzeptieren Sie, dass wir Menschen keineswegs Opfer der Umstände sind, sondern dass wir unser Leben bewusst gestalten können. Ich bin fest davon überzeugt, dass dieses Bewusstsein die Basis ist, um zu meistern, was uns auf unserem Weg begegnen mag, sodass sich Herausforderungen zu Chancen, zu vielleicht noch ungedachten Möglichkeiten wandeln.

Input

Folgen Sie häufiger Ihrer Intuition. Sie ist der direkte Weg zu sich selbst.

WO LIEBE IST, IST AUCH EIN WEG

Kraftvolle Schritte mit den 7 Business-Geboten (Ein Nachwort)

Danke! Danke, dass Sie den Weg bis hierher mit mir gegangen sind. Von Herzen wünsche ich Ihnen, dass die *7 Business-Gebote* Ihnen wertvolle Anregungen gegeben haben, um Ihren Weg authentisch gehen zu können und um Ihr Leben kraftvoll zu leben. Ich bin fest davon überzeugt, dass wir alle das Wissen für ein glückliches Leben in uns haben und dass uns im Grunde sehr klar ist, was für uns richtig ist oder falsch.

Dieses Buch erinnert Sie daran und fügt neue Aspekte hinzu. Es geht darum, mit dem inneren Wissen wieder in Kontakt zu kommen und sich nicht weiter zu verweigern. Wir müssen wieder lernen, auf die innere Stimme zu hören. Nur, erkennen wir sie überhaupt noch, hören wir auf sie, vertrauen wir ihr? Immerhin haben wir ja viele Jahre auch auf andere gehört (manchmal sogar fast ausschließlich). Nun ist es an der Zeit, zunächst einmal auf sich selbst zu hören, und erst dann auf die anderen! Diese Reihenfolge ist deutlich gesünder, ehrlicher und damit freudvoller.

Ich kann Ihnen aus eigener Erfahrung sagen, dass das Leben sehr lebendig wird, wenn Sie – einmal weg vom alten Kurs – sich mit Abenteuerlust in neue Gewässer begeben. Sich selber zu überraschen, anders zu reagieren als üblich, anders mit Menschen und Situationen umzugehen – all das bringt neuen Schwung, auch für Ihre Umgebung. Ganz nach dem Motto von Ödön von Horváth »Eigentlich bin ich ganz anders, nur komme ich so selten dazu« wünsche ich Ihnen dabei viel Leichtigkeit und Freude.

Was werden Sie nun mit den Erkenntnissen aus diesem Buch anfangen, die Sie für sich selbst als wichtig empfinden? Was davon wollen Sie aktiv ausprobieren? Meine Empfehlung lautet: Holen Sie sich genau das ins Leben, was Sie spontan am meisten angesprochen hat, und bleiben Sie dran! Lesen, denken, hören ist das eine – es jedoch ins tägliche Leben zu integrieren, das andere. Das Dranbleiben ist aus meiner Sicht ein ganz wesentlicher Erfolgsfaktor. Denn die alten Gewohnheiten können manchmal ziemlich aufdringlich sein. Über kurz oder lang jedoch werden SIE stärker sein, dessen bin ich mir sicher!

Nach jedem Gebot habe ich Sie durch einen bestimmten Satz ermuntert, kurz innezuhalten und sich über dessen Botschaft bewusst zu werden. Wählen Sie aus, welcher Input für Sie im Moment am wichtigsten ist. **Welche Handlung folgt nun der Einsicht?** Genau darauf konzentrieren Sie sich in den nächsten Wochen. Sie werden staunen, was sich allein dadurch schon alles tut und was Ihnen bei sich selbst und auch bei anderen auffällt. Dies ist Ihre Chance der Wandlung. Freuen Sie sich über jeden kleinen Schritt in Ihre Wunschrichtung, und ärgern Sie sich bloß nicht, wenn Sie einmal wieder in die alten Spuren rutschen. Alles braucht Training – auch das Bewusstsein. Beherzigen Sie aber, dass Sie sich nicht zu viel auf einmal vornehmen, sonst droht geistiger Muskelkater … ☺

Dieses Buch kann Ihnen helfen, Ihren eigenen dynamischen Entwicklungsprozess zu erleben. Denn wenn Sie es nach einiger Zeit wieder zur Hand nehmen und lesen, werden Sie erkennen, was Sie alles bereits erfolgreich umgesetzt haben. Gleichzeitig stellen Sie vielleicht fest, dass auf einmal andere Schwerpunkte in Ihrem Leben bedeutsam sind. Ein Beweis Ihrer Entwicklung.

Wenn Sie sich noch mehr Inputs für die Umsetzung der *7 Business-Gebote* wünschen, so unterstütze ich Sie gern dabei (siehe Kontaktseite 159).

Bewusstsein und Intuition sind gute Begleiter auf Ihrem Weg

Es ist Ihr Leben: Gestalten Sie es deshalb so, dass es ein gutes Leben ist. Mit dem Wissen, dass Sie die Richtung angeben – und zwar mehr, als Sie es wahrscheinlich bisher gedacht und getan haben. Die Art und Weise, wie Sie denken, fühlen und handeln, prägt Ihr Leben und beeinflusst unmittelbar Ihr Umfeld. Das werden Sie tagtäglich erfahren können, und das haben auch die *7 Business-Gebote* hinlänglich gezeigt.

Schaffen Sie sich ein Umfeld, in dem Sie neben einer Karriere, wie sie für Ihr Leben gut und richtig ist, auch Menschen haben, die *Sie,* ganz persönlich Sie meinen. Gute soziale Bindungen sind entscheidend für die Lebenszufriedenheit. Meine Erfahrung ist, dass viele Karrieremenschen es oft versäumen, sich solch ein Umfeld zu schaffen, und erst in Krisenzeiten merken, wie allein sie sind. Auch hier gilt das Gesetz: Ich kann nur ernten, was ich gesät und gepflegt habe. Und das gilt ebenso für unsere privaten Verbindungen.

Es geht um Geben und Nehmen, auch um Zeit und Interesse. Und wie ist es bei Ihnen? Geben oder nehmen Sie? Sind es nicht gerade unsere Lieben, die Partner, Kinder, Familie und die Freunde, die oft hinten anstehen müssen? Die unsere Launen, unseren Zeitmangel und unser Fix-und-Fertig-Sein verstehen und aushalten müssen? »Na ja«, werden Sie vielleicht einwenden, »irgendwo muss ich den Druck doch loswerden können!« Wirklich? Was halten Sie davon, ihn gar nicht erst aufzubauen und schon gar nicht, ihn mit nach Hause zu nehmen? Denn schnell wird da am Abendbrottisch alles nochmals aufgewärmt, die Wut kommt noch mal hoch, der Körper erlebt alles noch einmal, und der Partner, eventuell auch die Kinder, dann gleich mit. Und nun frage ich Sie: Wem dient das, wem tut das gut? Dieses Buch zeigt Ihnen viele andere Wege auf, mit Druck anders umzugehen.

Vor vielen Jahren habe ich über Prof. Dr. Wolf-Dieter Gerber aus Kiel ein interessantes gedankliches Modell kennengelernt, das ich »Menschen an meiner Seite« nenne. Mit diesem Modell können wir sehr schnell feststellen, welche Menschen in unserem Umfeld wirklich wichtig sind für uns. Probieren Sie es aus:

- Kreieren Sie ein inneres Bild von einem Haus, in dem Sie wohnen, mit einem Gehweg davor und einem Tor zu Ihrem Garten. Betrachten Sie den Garten und auch das Haus mit seinen verschiedenen Zimmern (hier insbesondere das Gästezimmer und das Schlafzimmer).
- Nun stellen Sie sich vor, dass Sie auf dem Gehweg jemanden treffen, der seine Meinung über Sie kundtut (Nachbar, Postbote etc.) – und zwar egal, ob positiv oder negativ. Fragen Sie sich: »Wie wichtig ist das für mein Leben? Wie sehr nehme ich mir das Geäußerte zu Herzen?« Denken Sie daran: Es geht nur um eine *Meinung* über Sie.
- Stellen Sie sich dann vor, dass Sie Bekannte oder Kollegen zum Gartenfest, also in die Nähe Ihres Hauses, einladen. Auch hier fragen Sie sich: »Wie wichtig ist es für mein Leben, was die anderen über mich denken und sagen, und wie sehr lasse ich mich dadurch beeinflussen?«

- Nun gehen Sie ins Haus. Sie haben jemanden eingeladen, der bei Ihnen im Gästezimmer übernachten darf. Diese Person kommt also Ihrem Privatbereich noch näher. Wie wichtig ist es für Ihr Leben, was dieser Mensch über Sie sagt?
- Zum Schluss stellen Sie sich die Menschen vor, die sogar in Ihrem Bett übernachten dürfen. (Nein, keine One-Night-Stands, sondern es geht um Menschen, die Ihnen wirklich nahestehen, solche, die Sie im wahrsten Sinne des Wortes ungeschminkt sehen dürfen.) Wie wichtig ist es für Ihr Leben, was diese Personen über Sie denken und sagen? Sie spüren sicher schon, da gibt es Unterschiede. Je näher die Menschen ins Haus und zu Ihnen kommen, je eher wären Sie vermutlich bereit, wirklich hinzuhören.
- Darüber hinaus werden Sie wahrscheinlich erkennen: In Ihrem Haus leben nur diejenigen, die *Sie* meinen und die Sie nicht benutzen als Plattform, um ihre eigenen Geschichten loszuwerden. Die da sind, wenn es Ihnen mal nicht so gutgeht. Die daran interessiert sind, dass Sie wachsen und glücklich sind. Die Sie nicht zurückhalten, sondern dort unterstützen, wo Sie Unterstützung brauchen. Die an Sie glauben und an Ihrer Seite sind. Und das sind oft andere Menschen als die, die sich in Ihrem Erfolg sonnen.

Wenn Sie Lust haben, dann machen Sie sich einmal bewusst, wer wo seinen Platz hat in diesem inneren Bild, in Ihrem Haus. Vielleicht muss der eine oder andere auch mal umziehen? In jedem Fall wird sehr schnell klar, wer für Ihr Leben wichtig ist. Das heißt nicht, dass die anderen unwichtig sind. Hier geht es einzig und allein um Menschen, die Ihr Leben nah mit Ihnen teilen, also im besten Sinne »Lebensgefährten« sind. Das wird leider oft vergessen. Schnell richten wir uns nämlich eher nach der Meinung derer, die noch nicht einmal in unserem inneren Haus leben, weil wir Sorge haben, »was denn die Leute sagen«.

Und ist es nicht so, dass wir unseren Herzensmenschen oft viel abverlangen und manchmal nicht daran denken, auch wieder zu investieren? Das lässt sich sofort ändern, wenn Sie es wollen.

Danken wir den Menschen, die mit uns durchs Leben gehen. Die zu uns halten, obwohl und gerade weil sie uns kennen. Die *7 Business-Gebote* tragen Inhalte, die sich vordergründig zwar auf die Arbeitswelt beziehen, doch wir wissen ja, dass jedes Unternehmen aus Menschen besteht. Deshalb meinen die *7 Business-Gebote* immer den *ganzen* Menschen, egal in welcher Situation. Nehmen Sie die Gebote also gern als Kompass und gute Wegbegleitung mit ins menschliche Unterwegssein. Lassen Sie die Inhalte lebendig werden und andere daran teilhaben.

Von Herzen wünsche ich Ihnen ein glückliches Leben und dass Sie Ihr allerbester Freund sind und bleiben. Ich wünsche Ihnen ein fi(ö)rst-class-Leben.

Regina Först

Danke

Von ganzem Herzen möchte ich mich bei all den wunderbaren Menschen bedanken, die mich auf meinem Weg unterstützt haben und die ich begleiten durfte.

Bei all den Kunden, die mutig für den Wandel im Business antreten und kreativ neue Wege gehen.

Bei all den Menschen, die ich im Coaching erlebe. Die sich ihren Themen stellen, konsequent Altes verabschieden und Neues ins Leben holen. Ich bin wirklich dankbar, dass sie mich an ihrem Prozess teilhaben lassen. Auch an dem Staunen und der Freude darüber, wie leicht der Wandel gelingt, wenn man ihn angeht.

Bei meinem großartigem Team, das mich pusht, trägt und einhundertprozentig loyal an meiner Seite ist. Hier erlebe ich, dass alles möglich ist, wenn der Boden der Liebe und Sympathie einmal geschaffen wurde.

Bei meiner Familie und meinen Freunden, die mir den Raum zum Schreiben gaben, mit mir die Freude und die Fragen teilten, und die immer an mich glauben.

Bei Alexander, der mir einen ganz entscheidenden Impuls gab.

Und vor allem bei Ulrike Reverey, »meiner« Lektorin und Freundin, die mit Engelsgeduld und einem unglaublichen Können dieses Buch entscheidend prägt. Die bereit war für viele Diskussionen, immer den Überblick behielt und meine Freundin geblieben ist. ☺

Literatur

Arntz, William/Chasse, Betsy/Vicente, Mark: *Bleep: An der Schnittstelle von Spiritualität und Wissenschaft. Verblüffende Erkenntnisse und Anstöße zum Weiterdenken.* VAK-Verlag: Kirchzarten, 5. Aufl. 2007

Bauer, Joachim: *Prinzip Menschlichkeit. Warum wir von Natur aus kooperieren.* Heyne-Verlag: München 2008

Bauer, Joachim: *Warum ich fühle, was du fühlst. Intuitive Kommunikation und das Geheimnis der Spiegelneurone.* Heyne-Verlag: München 2006

Bays, Brandon/Billett, Kevin: *The Journey – Bewusstsein als neue Währung. Wohlstand und Fülle in der Zeit des globalen Umbruchs.* Ullstein TB: Berlin 2010

Covey, Stephen R.: *Der 8. Weg. Mit Effektivität zu wahrer Größe.* GABAL-Verlag: Offenbach, 5. Aufl. 2006

Covey, Stephen R./Rothe, Angela/Proß-Gill, Ingrid: *Die 7 Wege zur Effektivität. Prinzipien für persönlichen und beruflichen Erfolg.* GABAL-Verlag: Offenbach, 21. Aufl. 2005

Dahlke, Rüdiger: *Die Schicksalsgesetze. Spielregeln fürs Leben. Resonanz – Polarität – Bewusstsein.* Arkana-Verlag: München, 6. Aufl. 2009

Först, Regina: *Ausstrahlung. Wie ich mein Charisma entfalte.* Kösel-Verlag: München, 7. Aufl. 2010

Fournier, Cay von/Danne, Silvia: *Anders und nicht artig. Impulse und praktische Strategien für eine erfolgreiche Unternehmenspositionierung.* Linde-Verlag: Wien 2011

Fritz-Schubert, Ernst: *Schulfach Glück. Wie ein neues Fach die Schule verändert.* Herder-Verlag: Freiburg, 6. Aufl. 2008

Fritz-Schubert, Ernst: *Glück kann man lernen: Was Kinder stark fürs Leben macht.* Ullstein TB: Berlin 2011

Gálvez, Cristián: *Du bist, was du zeigst! Erfolg durch Selbstinszenierung.* Knaur TB: München 2007

Hicks, Ester und Jerry: *The Law of Attraction. Das Gesetz der Anziehung in Liebe und Partnerschaft.* Allegria-Verlag: Berlin 2010

Lange, Dieter: *Sieger erkennt man am Start – Verlierer auch.* Econ Verlag: Berlin 2010

Langenscheidt, Florian: *Wörterbuch des Optimisten.* Heyne-Verlag: München 2008

Lichtenstein, Demian/Shajen, Joy Aziz: *Die Gabe. Entdecke deine Bestimmung und lebe sie.* Scorpio-Verlag: München 2011

Lipton, Bruce: *Intelligente Zellen. Wie Erfahrungen unsere Gene steuern.* Koha-Verlag: Isen 2006

Molcho, Samy: *Körpersprache des Erfolgs.* Ariston-Verlag: München 2005

Pollak, Kay: *Durch Begegnungen wachsen. Für mehr Achtsamkeit und Nähe im Umgang mit anderen.* Südwest-Verlag: München, 5. Aufl. 2007

Rosenberg, Marshall B.: *Gewaltfreie Kommunikation. Eine Sprache des Lebens.* Junfermann-Verlag: Paderborn, 9. Aufl. 2007

Roy, Martina: *The Missing Link. So wenden Sie »The Secret« richtig an.* Koha-Verlag: Isen 2009

Scherer, Hermann: *Glückskinder. Warum manche lebenslang Chancen suchen – und andere sie täglich nutzen.* Campus-Verlag: Frankfurt/Main 2011

Scheurl-Defersdorf, Mechthild R. von: *In der Sprache liegt die Kraft! Klar reden, besser leben.* Herder-Verlag: Freiburg 2011

Tracy, Brien/Scheelen, Frank M.: *Personal Leadership. 24 Bausteine für persönlichen Erfolg und Spitzenleistung im Team.* Redline Wirtschaftsverlag: München 2005

Wehrle, Martin: *Ich arbeite in einem Irrenhaus. Vom ganz normalen Büroalltag.* Econ-Verlag: Berlin 2011

Kontakt zur Autorin

REGINA FÖRST

Speaker und Coach.

Auf der Unternehmer- und Dienstleisterseite zu Hause.

Lehrende und Lernende.

Business Expert und sozial Engagierte.

Sie begleitet seit über 20 Jahren Menschen auf dem Weg in ihre persönliche und unternehmerische Erfolgskraft. Nach einem Studium der Textilbetriebswirtschaft folgten wichtige Praxiserfahrungen in Personalführung und Management als Einkäuferin, Verkaufsleiterin und Personalchefin bei internationalen Modeunternehmen. Nach erfolgreicher Angestelltenkarriere entschied sie sich für den Schritt in die berufliche Selbstständigkeit und für ein Leben in voller Selbstverantwortung und Gestaltungsfreiheit. Ihre Trainings basieren auf Aus- und Weiterbildungen in Coaching, Psychologie, NLP, im Bereich Gehirnforschung und Quantenphysik, in Farbenlehre, Körpersprache sowie Gewaltfreie Kommunikation.

Regina Först gehört als Rednerin zu den Top-Speakern in verschiedenen Bereichen der Wirtschaft. In ihren mitreißenden Vorträgen, in ihren Trainings und Einzelcoachings, die ebenso berühren wie faszinieren, führt sie Menschen auf einzigartige Weise in ihre Authentizität, Klarheit und Stärke. Ihre profunden Kenntnisse gibt sie auch an Lernende für einen optimalen Start ins Berufsleben weiter. Hochschulen, Fachhochschulen, private und öffentliche Akademien sowie Bildungszentren schätzen ihren praxisbezogenen und lebensnahen Wissenstransfer.

Als Innovatorin ist sie Mitbegründerin der Firma *först class Corporate Fashion* für authentische Berufsmode im Gesundheitswesen und entwickelte darüber hinaus das farbige *Cape-System-Concept* für Friseurkunden. *www.foerst-class.de*

2004 gründete sie mit Freunden den Verein *Heute ist ein Lächeltag e.V.*, der Menschen in Not hilft. Regina Först unterstützt mit Teilen ihres Honorars konkrete Projekte und leistet persönliche Hilfe. *www.laecheltag.de*

Regina Först veröffentlichte zahlreiche Magazin-Beiträge zu berufsorientierten Themen und ist Autorin des Bestsellers *Ausstrahlung. Wie ich mein Charisma entfalte.*

Inspirierende Vorträge, intensive Führungskräfte- oder Mitarbeitertrainings, effektive Einzelcoachings, weitere Impulse für die Umsetzung der *7 Business-Gebote:* Wir finden für Sie den besten Weg. Bitte nehmen Sie gern Kontakt mit uns auf.

People Först
REGINA FÖRST
Bahnhofstrasse 50
24582 Bordesholm
Fon 04322-692345 / Fax 04322-692346
info@people-foerst.de / www.people-foerst.de

People Först ist eine geschützte Wort-/Bildmarke, die beim Deutschen Patent- und Markenamt eingetragen wurde.

Testimonials

Lebendig. Zupackend. Lebensnah. Und authentisch. So, wie wir Regina Först seit Jahren auch immer wieder als Referentin erleben dürfen. Denn sie erreicht die Herzen der Menschen! Ihre »Business-Gebote« machen Mut! Mut, dass wir selbst (wieder) Herr sein können über unser Leben und unseren Erfolg. Das ist es, was wir brauchen. Mehr als alles andere.

Rebecca Kandler, Chefredakteurin TOP HAIR INTERNATIONAL

Regina Först bringt das auf den Punkt, was vielen Unternehmen gerade in der jetzigen Zeit den entscheidenden Schub nach vorne bringen würde: Es ist die Besinnung im knallharten Wettbewerb auf die menschliche Seite. Künftig werden nur die Unternehmen erfolgreich sein, die ihre Mitarbeiter als Individuen anerkennen, sie an- und mitnehmen, die in erster Linie ihre Stärken erkennen, fördern und nicht immer wieder nur ihre Schwächen thematisieren. Um diesen Weg zu gehen, bedarf es der eigenen Erkenntnisgewinnung und eines Umdenkens jeder einzelnen Führungskraft. Hierzu gibt das Buch zahlreiche gute Tipps und Hilfestellungen. Im Jahr 2005 hat Regina Först unser Haus zu Beginn einer nicht leichten Fusion – 2 Banken mit unterschiedlichen Kulturen mussten zusammengeführt werden – mit einem Führungskräfte-Workshop begleitet. Nach nunmehr sechs Jahren kann ich sagen, dass dieses Seminar den Grundstein für eine erfolgreich verlaufene Fusion bildete.

Dr. Veit Luxem, Vorstandsvorsitzender Volksbank Erkelenz

In Regina Försts Buch wird die Frage beantwortet: Sind persönliches anhaltendes Glück, Selbstzufriedenheit und Menschlichkeit kompatibel zum ökonomischen/unternehmerischen Erfolg? Die fast reflexhafte Antwort »Ja, aber« wird ersetzt durch »Ja, uneingeschränkt«. Regina Först reist mit uns durch eine Vielzahl von praktischen Beispielen und Handlungsanleitungen, die dies treffend belegen. Das Buch ist ein Muss, wenn es darum geht, als Entscheider seinen inneren Kompass zu kalibrieren.

Norbert von Lonski, Geschäftsführer der BiBA GmbH

Regina Först bricht eine Lanze für ein verlorenes Subjekt: den Menschen im Business. Alle reden von mehr Gewinn – aber wer redet von mehr Sinn, mehr Menschlichkeit, mehr Liebe? Ein erfrischendes Manifest für eine Wirtschaft mit Herz, dem ich wünsche, dass es zu Herzen genommen wird!

Martin Wehrle, Karriereberater und Autor